# 樱桃栽培技术

孟瑜清　主编

中国农业大学出版社

·北京·

## 内容简介

本书较为详细地介绍了国内樱桃的分布区域及栽培的种类，特别是目前在国内主要的栽培品种，重点对中国樱桃、甜樱桃的生长环境条件要求、育苗技术、栽培管理、采收贮藏等方面进行详细阐述。适合从事水果技术推广的基层技术人员和樱桃种植者参阅。

**图书在版编目(CIP)数据**

樱桃栽培技术/孟瑜清主编．—北京：中国农业大学出版社，2015.10（2017.5重印）

ISBN 978-7-5655-1410-4

Ⅰ.①樱…　Ⅱ.①孟…　Ⅲ.①樱桃-果树园艺　Ⅳ.①S662.5

中国版本图书馆CIP数据核字(2015)第236737号

**书　　名**　樱桃栽培技术

**作　　者**　孟瑜清　主编

**策划编辑**　张　蕊　张　玉　　**责任编辑**　张　玉

**封面设计**　郑　川　　**责任校对**　王晓凤

**出版发行**　中国农业大学出版社

**社　　址**　北京市海淀区圆明园西路2号　　**邮政编码**　100193

**电　　话**　发行部 010-62818525,8625　　读者服务部 010-62732336

编辑部 010-62732617,2618　　出　版　部 010-62733440

**网　　址**　http://www.cau.edu.cn/caup　　**e-mail**　cbsszs@cau.edu.cn

**经　　销**　新华书店

**印　　刷**　北京时代华都印刷有限公司

**版　　次**　2015年10月第1版　2017年5月第2次印刷

**规　　格**　880×1 230　32开本　6.625印张　120千字

**定　　价**　18.00元

# 编 写 人 员


主　编　孟瑜清

副主编　袁　晶　方铁飞

参　编　冯永才　孟敏霞　陈淑玲

# 前言

樱桃属于蔷薇科(Rosaceae)樱桃属(*Cerasus*)果树,分布在北半球的气候温和地带,共有120多个种。我国栽培的樱桃有中国樱桃、甜樱桃、酸樱桃、毛樱桃4种。

樱桃是落叶果树中果实成熟最早的树种,素有"春果第一枝"的美称。随着我国城乡居民的生活水平不断提高,农业休闲旅游经济发展迅速,樱桃作为较好的农业休闲旅游的水果品种,这些年无论在南方还是在北方都发展较快,品种繁多。但是与此同时从业者盲目引种现象比较普遍,在南方种植大樱桃失败的例子较多,给业主造成较大的损失。

本书较为详细地介绍了国内樱桃的分布区域及栽培的种类,特别是目前在国内主要的栽培品种,重点对中国樱桃、甜樱桃的生长环境条件要求、育苗技术、栽培管理、采收贮藏等方面进行详细阐述。希望读者能从本书中了解不同樱桃种类生长发育规律,避免盲目引种而造成的损失。另一方面,为了更好地提高樱桃的栽培效益，延长樱桃的采摘时间，本书也比较详细地介绍了中国樱桃和甜樱桃的设施栽培技术。全书力求内容详尽、丰富，语言通俗易懂，侧重于实用性和科学性。本书适合从事水果技术推广的基层技术人员和樱桃种植者参阅。

编　者

2015 年 3 月

# 目　　录

# 第一章 概 论

樱桃古名又称楔、荆桃、含桃、朱樱、樱桃。

［外文名］ 英：cherry

日：オウトウ

俄：вишня

［学名］ 中国樱桃：*Cerasus pseudocerasus*（Lind.）G. Don.

欧洲甜樱桃：*Cerasus avium*（L.）Moench

欧洲酸樱桃：*Cerasus Vulgaris* Mill

毛樱桃：*Cerasus tomentosa*（Thunb.）Wall.

## 第一节 樱桃栽培的经济意义

1. 营养丰富

果实色泽艳丽，玲珑剔透，营养丰富。其中铁的含量在水果中居于首位（每百克果肉中含铁 6～8 毫克），比苹果、橘子、梨高 20～30 倍，维生素 C 的含量也高于柑橘和苹果；维生素 A 的含量比苹果、橘子、葡萄高 4～5 倍。据科学研究分析，每百克鲜果中含碳水化合物 8 克、蛋白质 1.2 克、脂肪 0.3 克、钙 6 毫克、磷 3.1 毫克、铁 5.9 毫克、胡萝卜素 0.33 毫克、维生素 C 11 毫克。

2. 经济效益高

樱桃在落叶果树中属于成熟最早的水果，素以“春果第一枝”而闻名。适应性强，栽培管理容易，果实发育期短，果实发育期间基本上不打药，是名副其实的绿色产品。其管理用工较少，生产成本相对较低。另外，正值水果淡季，果品售价是其他水果的 5～10 倍。

3. 重要的加工原料

果实味鲜美，富有营养，自古为人们所喜爱。除鲜食外，还可加工成罐头、蜜饯、果脯、果酱、果汁、果酒、果醋等。

4. 重要的药材和木材

据陶弘景《名医别录》记述：樱桃性温味甘，有调中、益脾的功效。其根、枝、叶、核及果实皆可入药。叶片、枝条煎汤服用，可治腹泻、胃痛；老根煎汤服用，对调气活血，平肝去热有一定疗效，种子油中含亚油酸 8%～44%，是治疗冠心病、高血压药物的成分之一；樱果维生素 A 含量高，眼角膜病、皮肤干燥病患者多食有益。樱桃树木质地坚硬、美观、磨光性好，是做肥皂、油漆、涂料及制作家具等的原材料。

5. 观赏绿化

樱桃树姿美观，初春开化，繁茂如雪，其香如蜜，叶碧翠如玉，果红艳晶亮如玛瑙，玲珑可爱，花期早，花量大，结果多，果熟之时，果红叶绿，甚为美观，同时具有抗烟、吸附粉尘、净化空气等改善环境的作用，是园林、庭院绿化和农业旅游经济的良好经济树种。

## 第二节 国内外樱桃栽培简况

1. 国外樱桃栽培

欧洲最多，其次为北美洲和亚洲。主产国是俄罗斯、乌克兰、美国、德国、法国、意大利、土耳其、日本等。

2. 国内樱桃栽培

我国目前除西藏高原、海南和台湾外，都有樱桃的分布。其中主产区有：山东（烟台、青岛）、辽宁（大连）、江苏（南京）、河南（郑州）、浙江（诸暨）、陕西、甘肃、安徽（太和）。目前，北方地区以大樱桃栽培为主，南方地区以中国樱桃为主。至2004年底，山东樱桃栽培面积26.74万亩（1亩＝667米$^{2}$，下同），产量4.04万吨。山东樱桃栽培面积和产量均占全国的80％以上。

3. 国内栽培历史

樱桃是我国古老的栽培果树之一，栽培历史已有 3 000 余年之久。早在周代(公元前 1134 年)的古书《礼记·月令》中就有“仲夏之月，羞以含桃，先荐寝庙”的记载。据《说文》考：“莺桃，莺鸟所含食，故又曰含桃。”《尔雅》记载的“楔(荆桃)”即中国樱桃。汉、唐以来的文艺作品中，更有颇多樱桃的记载和吟咏之词。汉《西京杂记》中记道：樱桃、含桃“处处有之，洛中尤胜”。唐代的大诗人，如李白有“别来几春未还家，玉窗五见樱桃花”；李贺有“背人不语向何处，下阶自折樱桃花”，白居易有“有木名樱桃，得地早滋茂”等佳句。公元 533—544 年北魏贾思勰著《齐民要术》，公元 897 年后宋代苏颂著《图经本草》中，公元 1596 年明代李时珍著《本草纲目》中，均记载有樱桃生物学特性、栽培技术以及优良品种等方面的内容。我国古代栽培的樱桃，系我国原产的中国樱桃。经过漫长的历史发展，当今已形成山东胶东、江苏南京、安徽太和、浙江诸暨等主要产区。

甜樱桃和酸樱桃栽培是从 19 世纪 80 年代开始。1880—1885 年间，华侨引入甜樱桃那翁品种，开始在山东省烟台市东郊栽培。酸樱桃栽培以新疆塔城最早，系由塔塔尔族人依布拉依木拜于 1887 年自俄国引入。到 20 世纪 30 年代初期，甜樱桃的栽培范围，由烟台及其郊区渐次扩大到龙口、威海、青岛；辽宁的大连市、河北北戴河、昌黎等地。目前，北京、四川、河南、江苏等省市在城市郊区和工矿附近均有栽培。集中产地有山东烟台、福山和辽宁大连、金县等地。

新中国成立后，我国樱桃生产有了一定的发展，特别是改革开放以来，随着人民生活的不断提高和农业休闲旅游业的不断兴旺，对樱桃需求量大增，樱桃的价格大幅增加，全国樱桃适栽区樱桃面积快速增加，至 2013 年底全国樱桃面积接近 100 万亩，其中中国樱桃面积达 10 万亩。

# 第二章　樱桃的主要种类和栽培品种

## 第一节　主要种类

在植物分类学中，樱桃属于蔷薇科（Rosaceae）樱桃属（*Cerasus*）果树。樱桃属植物分布在北半球的气候温和地带，共有120多个种。我国栽培的樱桃共有中国樱桃、欧洲甜樱桃、欧洲酸樱桃、毛樱桃4种。

1. 中国樱桃

原产我国，除海南岛、台湾岛，北纬35°以南的广大地区均有分布。日本、朝鲜也有栽培。

中国樱桃为乔木或小乔木，树高可达6～8米。枝叶茂密，树冠荫闭，萌蘖发生较强；花期早。伞形花序或总状花序，每花序有3～6朵花。果实较小，近球形，皮薄、肉软、多汁，有红色、黄色、紫红色及红黄过渡色等多种。

中国樱桃品种、类型丰富，适应性较强。在四川省海拔

2 600～3 850 米分布的中国樱桃野生种，耐寒、耐湿。它对土壤条件要求不严格，在紫色土、红壤、黏壤、棕壤、砾质土、冲积性褐土以及沙土上都能生长良好，但以生长在轻松的沙壤土或壤土上最为适宜。

据山东省调查，该省就有 35 个栽培品种，安徽太和、浙江诸暨也有 10 多个品种。

2. 欧洲甜樱桃

原产欧洲黑海沿岸和亚洲西部，在我国的主要产地，又称大樱桃或西洋樱桃。

甜樱桃为乔木，高达 20 米左右，叶片大，花序伞形，花序基部常包被鳞片。果实较大，球形或卵球形，肉质丰满、味美，有硬肉（*C. avium* var. *duracina* Bailey）和软肉（*C. avium* var. *Juliana* L.）两个品种群。国内有栽培品种 20 多个。

甜樱桃喜光性强，比中国樱桃耐寒，但抗旱力较差。对土壤的适应性，常依砧木类型而异，一般也以栽培在沙壤土和壤土上为宜。

3. 欧洲酸樱桃

原产欧洲和亚洲西部，可能为草原樱桃［*C. fruticosa* (Pall.) G. Woron］与甜樱桃的天然杂交种。山东、辽宁、河北、新疆等省区有少量栽培。

酸樱桃为小乔木或灌木，树冠开张。伞形花序，基部常具有直立叶状鳞片。果实较小，球形或扁球形，味酸。我国仅有毛把酸一个栽培品种。

酸樱桃较耐寒，对土壤适应性较强，在黏质土壤上也表现良好。

4. 毛樱桃

原产我国黑龙江、吉林、辽宁、内蒙古的呼和浩特和土默特旗，辽西、燕北栽培较多；日本也有分布。

毛樱桃为灌木，树高 2～3 米。枝条密集，萌蘖力极强。枝、叶、芽密被绒毛，花朵小，花柄极短。果实较小，球形，深红色或黄色。毛樱桃抗寒、耐旱，适应性强。在年平均温度 4.0～7.3℃，年降雨量 130～460 毫米的地区栽培，生长结果良好。能忍耐冬季－36℃的低温，是高寒、干旱地区有价值的栽培果树和观赏树种，也是抗寒育种的良好亲本。毛樱桃也可用作桃的矮化砧。

## 第二节　主要栽培品种

### 一、中国樱桃系统

分为红色、黄色两大类。红色类包括红色球形品种群、红色卵球形品种群及红色长圆形品种群等。黄色类包括黄色球形品种群、黄色卵形品种群及黄色长圆形品种群等。我国主要栽培品种如下：

1. 诸暨短柄樱桃

主产浙江省诸暨市，1992 年通过浙江省品种委员会认定。目前在浙江各地都有栽培，以桐庐、金华、浦江、萧山等地为多，是浙江省栽培面积最大的品种，也是目前中国樱桃中鲜食的最佳品种之一。

诸暨短柄樱桃为小乔木，树体较高大，干性较强，层次不明显，树冠多呈圆头形，树姿半开张。1 年中可抽梢 2～3 次。幼树生长迅速，后期易衰退。新梢青灰色，2～3 年生枝深灰色；叶单生，卵圆形，较大，叶色深绿，叶面光滑，叶基近圆形，叶距较短；果实扁圆形，果底色浅金黄，成熟后果面全红，上布小而多的浅黄褐果点，果柄短粗而挺直。平均单果重 2.3 克，大果重 4 克左右；果肉黄白、肉质细、柔软多汁，酸甜适度，微香，可溶性固形物含量 13.8%，可食率 89%，品质上等。但果皮薄，不耐贮运。在诸暨 4 月下旬至 5 月初果实成熟。在一般管理下，盛产期单株产量在 15～25 千克，亩产 500～600 千克。

该品种自花结实性较好，丰产，适应性强，抗逆性强，成熟期早而集中，易裂果，抗根癌病和贮运性较差。

2. 黑珍珠樱桃(乌皮樱桃)

重庆科技人员 1993 年从中国樱桃的芽变中选育而出，因成熟时果皮紫红发亮而得名为乌皮樱桃，商品名“黑珍珠”，为中国樱桃的优良品系。树冠开张，树势中庸，萌芽力强，成枝力中等，潜伏芽寿命长，利于更新。以25厘米以下的中短果枝和花束状果枝结果为主，长枝只在中上部形成花芽结果，幼树中长果枝结果较多。芽单生，具早熟性，一年能多次抽梢并迅速形成树冠和结果枝。重庆地区每年5～8月为花芽分化期。成花易，花量大，自花结实率64.7%。果实中大，近圆形，果顶乳头状。平均果重4.0克，最大6.2克，半离核，可食率90.3%，皮蜡质层中厚，底色红，彩色呈紫红色，充分成熟时紫黑色，外表光亮似珍珠。果肉质地松软，橙黄色，汁液中多，可溶性固形物含量18.6%，糖17.4%，酸1.3%，风味浓甜，香味中等，品质极上等。

该品种在重庆地区1月下旬至2月上旬萌芽，2月中下旬开花，4月中下旬果实成熟。丰产树结果枝一般在4月中下旬停止生长，从而进入花芽分化期，11月下旬落叶；结果早，丰产性好，第三年进入盛产期，亩产量可达860千克以上；适应性好，全国已有十多个省份种植，易裂果，果柄易脱落。

3. 大鹰嘴

原产安徽省太和县，树呈灌木状，干性较弱，分枝多较细。叶小，单生卵圆形。果实扁圆形，果顶突出呈鹰嘴形，果梗长、细。果皮底色黄绿，成熟后果面紫红，有光泽，上缀满黄褐色小果点，果柄直生，平均长约1.8厘米，平均单果重约1.7克；果肉浅黄，肉质细软，果汁中多，味浓甜，微香，可溶性固形物17%左右，可食率85.7%，品质上等。杭州地区5月上旬成熟。

4. 二鹰嘴

原产安徽省太和县，树形、树姿、枝、叶、花形态基本同诸暨短柄樱桃相似。果实扁圆、对称，果顶稍凹，果底色浅金黄，成熟后果面全红，上缀满小而多浅黄褐色果点，果柄、粗、直生，平均单果重约 2.3 克，大果可达 3.7 克；果肉黄白，肉质细、软，汁多味甜微酸，可溶性固形物含量 14.3%，黏核。可食率约 89.2%。品质中上等。

5. 浦号 1 号

主产浙江省浦江县。果实鸡心形，对称，果顶凸，稍尖，底色浅金黄，成熟后有红晕，上缀浅黄色果点，果柄短粗、直生，平均单果重 2.5 克，大果约 3.2 克，果肉黄白，肉质中细、软、多汁、微酸、微香，可溶性固形物含量 19%，黏核，可食率 89.4%，品质中下等。5 月上旬成熟。4 年生树株产可达 19 千克。

该品种树姿开张，果大较丰产，抗性强，唯味稍酸，成熟期较迟。可适当发展以延长樱桃供应期。

6. 大塘一号、大塘二号优株

桐庐大塘乡从诸暨短柄樱桃中选出的品种。果实性状基本同诸暨短柄樱桃，但果柄较细、果色趋红，成熟比诸暨短柄早 3～5 天，果形稍大。可溶性固形物含量 15.5%左右。丰产性好。

7. 葛家坞一号优株

栽于桐庐县葛家坞。果色红、略带黄。果形比大塘一号稍大，果柄短粗，在原产地成熟期 4 月底。可溶性固形物 16.4% 左右。丰产性好，15 年生树单株产量可达 155 千克左右。

8. 大乌芦叶

产自山东枣庄的峄山一带。果实较大，圆形或近圆形，平均单果重 2 克以上；果皮较厚，紫红色，具光泽；果肉微黄色，肉质致密、柔软，味甜微酸，有香气，果汁较多，品质上等。5 月上中旬成熟，熟期一致，较耐贮运。为优良的鲜食、加工及酿造品种。

本品种丰产，盛果期单株产量可达 50 千克左右。适于在沙壤土栽培，在黏土上生长不良。抗病力较强，但易受晚霜危害。

9. 短把樱桃

产自山东莱阳。果实较小，平均单果重 1.4 克；长圆形或近心脏形，顶部圆、微具脐痕。果皮红色至深红色，具光泽，较厚易剥离。果肉黄白色，近果皮处淡红色，质软，具网状纤维，味甜微酸，多汁，离核。5 月中旬成熟，为优良鲜食品种。

短把樱桃适应性较强，适于在土层深厚、质地轻松的土壤上栽培；熟前落果较重。

10. 垂丝樱桃

原产南京。果实大，平均单果 2.1 克。果柄细长；色泽鲜艳夺目，肉质细腻，味甜、多汁，品质极佳。4 月中下旬成熟，为优良鲜食品种。唯花期易受霜害。

11. 东塘樱桃

原产南京。果实较大，圆形，平均单果重 1.8 克。5 月上旬成熟，品质略逊于垂丝樱桃；但因花期较晚，不易遭受霜害。

12. 红妃樱桃

重庆果之王公司研究中心多年努力，从中国樱桃中选育而成的南方短低温大果型高糖樱桃品种，这也是目前唯一适合南方地区的大果型樱桃品种。红妃樱桃平均果重 5.5～7.2 克，最大果重达 8 克，与大樱桃果实大小相近，比目前南方种植的中国樱桃大 0.5～1 倍，是中国樱桃之王。

红妃樱桃果实呈乳头状，果顶略尖，初熟时皮鲜红色，充分成熟时皮浓红光亮，外观艳丽，含糖 18.5%，2011 年果之王公司基地测得糖度为 23%～26.4%超过中国红樱桃和乌皮樱桃，口感浓甜，爽口，让人食而难忘。

红妃樱桃是中国红樱桃的大果型芽变品种，其生态特征和中国红樱桃一样，需冷量 250 小时左右，开花期比中国红樱桃早 2～3 天，花冠比中国红樱桃大 20%～30%，成熟期比中国红樱桃早 2 天，2010 年在重庆铜梁 4 月 18 日开始成熟，4 月 25 日采收完备。

红妃樱桃抗裂果能力极强，重庆 2010 年春季(4 月)雨水特多(70%雨天，比往年多 1 倍以上)，裂果也极轻，裂果率仅 2%，比中国红樱桃(裂果率 12%)和乌皮樱桃(裂果率 9%)

轻，更为重要的是，果实抗病力极强，开裂的果实在雨天可在树上挂3天也不坏，而其他品种裂果后1天即霉烂。红妃樱桃早果性和丰产性均极好，其抗病力比中国红樱桃更强，其耐贮运能力远胜过中国红樱桃和乌皮樱桃。另外，红妃樱桃在南方成熟期为4月中旬。

红妃樱桃树幼树生长较旺，结果后树势中庸。成花极易，丰产性极好。自花结实力强，花期遇雨也能完成结实，花期抗晚霜能力强。2010年花遇连阴雨和低温，也达到理想的结实状态。

## 二、欧洲甜樱桃系统

按果肉软硬，可分为硬肉品种群（*C. avium* var. *duracina* Bailey）和软肉品种群（*C. avium* var. *julanan* Linn）。国内主要栽培优良品种：

1. 红灯

果实肾脏形，平均单果重9.2克，大者12克；果皮紫红色，富光泽，艳丽；果肉中硬，酸甜适口；可溶性固形物多为14.5%～15%，可食率为92.9%。树势强健，长势旺，萌芽率高，成枝力强，外围新梢中短截后，平均发长枝四、五个；中下部侧芽萌发后多形成叶丛枝。幼龄期当年叶丛枝一般不形成花芽，随着树龄增长转化成花束状短果枝。进入结果期偏晚，在良好管理条件下，一般4年始果。初果期年限长，中、长果枝较多。到盛果期，短果枝和花束状果枝大大增加。适宜授粉树有巨红、滨库、红蜜、大紫，结实率都在60%以上。果实5月底至6月上旬成熟。植株幼龄期直立，成龄期半开张，一二年生枝直立粗壮。叶片特大，椭圆形，较宽，长17厘米，在新梢上呈下垂状，为其主要特征；叶缘复锯齿，大而钝，叶片质厚，深绿色，有光泽；基部有2～3个紫红色长肾形大蜜腺。花芽大而饱满。

该品种果个大，色艳丽，早熟，多汁、半硬肉，味较淡，较耐贮运，是一种红色优良早熟品种。采收前遇雨有轻微裂果，发展时要注意水浇条件。

2. 莫利

莫利属早熟品种，在烟台5月下旬至6月初成熟，20世纪90年代比红灯提前5～7天成熟，近些年由于气候原因，成熟期比红灯略早。果实肾脏形，平均单果重8克左右，最大12克，可溶性固形物含量17%左右，果皮鲜红色，完熟时紫红色，有光泽，比红灯艳丽。果肉红色，果皮较厚而韧，肉质较脆，风味酸甜可口，品质上等。

树体强健，树冠较开张，结果早，丰产性一般，早实性优于红灯，定植后一般3～4年结果，5～6年进入丰产期，比红灯提早1～2年。自花结实率低，建园时应配置授粉树如红灯、先锋、拉宾斯等。目前，该品种烟台露地栽培较多，果价中等偏上，丰产性较差。

3. 早大果

果实大，平均单果重 8～10 克，大者可达 20 克。果实心脏形，果皮红色至紫红色，果柄中长，果肉较硬，可溶性固形物含量 14%～18%，早采时口味偏酸，风味稍淡，裂果较红灯轻。在烟台地区 5 月下旬成熟，比红灯早熟 3～5 天。

树姿自然开张，结果早、丰产。自花不实。需配置授粉树。

4. 早生凡

果实肾形，性状同先锋，果顶较平，果顶脐孔较小。果实中大，单果重 8.2～9.3 克，树体挂果多时，果个偏小。果皮鲜红色至深红色，光亮、鲜艳，果肉硬，果肉、果汁粉红色，可溶性固形物含量 17.1%。缝合线深红色、色淡，不很明显。缝合线一面果肉较凸，缝合线对面凹陷。果柄短，比红灯略长，果柄 2.7 厘米。果核圆形，中大，抗裂果，无畸形果。在烟台，5 月 23 日左右，果实鲜红色，就可采收上市，5 月 28 日果实紫红色。成熟期比红灯早 5 天左右，比意大利早红早熟 3 天，成熟期集中，1～2 次即可采完。能自花结实。

树姿半开张，属短枝紧凑型。树势比红灯弱，比先锋强，但枝条极易成花，当年生枝条基部易形成腋花芽，一年生枝条甩放后易形成一串花束状果枝。节间短，叶间距 2.4 厘米，叶片大而厚，叶柄特别粗短，平均 2.2 厘米，具有良好的早果性和丰产性。花期耐霜冻。由于早生及丰产，所以必须加强肥水管理，维持中庸偏旺树势，否则，挂果过多，树势变弱，果个偏小。通过修剪每亩产量控制在1 000～1 250千克，以保持单果重8.5～9克。

5.黑兰特

果实宽心脏形，果顶较平，齐点较大，缝合线一面较凸，缝合线对面较光滑或稍有凹沟，果肩较高。果个较大，平均单果重9.4克，大者11克，果个均匀，果核性状同红灯。果皮鲜红色至紫红色，果肉红色，味甜，果柄中长，柄长3.4厘米，可食率95.4%，可溶性固形物含量18%。果实生长后期，果面出现凹凸不平。抗裂果，但遇大雨时，梗洼处个别有裂口现象，果顶基本不裂口。在烟台，5月下旬成熟，比红灯早熟3～5天，大棚栽培比红灯早熟12天左右。

树势强健，树姿半开张，一年生枝红褐色，二年生枝灰褐色，多年生枝灰白色，枝条节间长，叶片中大，叶长11厘米，叶宽6.4厘米，叶端锐尖，叶背有长、密的茸毛，叶柄长3.1厘米。结果早、丰产。丰产树应注意控制产量，并加强肥水管理，否则，负载量过大，树势偏弱，果个变小。

6.芝罘红

果实宽心脏形，平均单果重6克，大者9.5克；果梗长而粗，一般长5.6厘米，不易与果实分离；果皮鲜红色，有光泽；果肉较硬，浅粉红色，汁较多，浅红色，酸甜适口；含可溶性固形物16.2%，可食率91.4%。品质上等。果皮不易剥离，离核、核小。树势强健，萌芽率高。幼树进入盛果期后，以花束状果枝和短果枝结果为主，各类果枝结果能力均强，结果枝占全树生长点的78%，丰产性强。果实6月上旬成熟，比大紫晚3～5天，成熟期较整齐，一般采收2～3次即可。枝条粗壮；叶片大，叶缘锯齿稀而大，齿尖钝。

该品种果实早熟，外观甚美，品质好，耐贮运，丰产，适应性和抗病力强，是一个品质优良的红色早熟品种。

7. 美早

果实圆形至短心脏形，果顶稍平；果实大型，平均单果重11.5克。最大18克，高产树平均果重9.1克，果个大小较整齐。果皮紫红色或暗红色，有光泽，鲜红色；果肉淡黄色，肉质硬脆，肥厚多汁，风味上等，可溶性固形物含量17.6%，高者达21%。核圆形，中大，果实可食率92.3%。果梗特别粗短。果实成熟发紫时，果肉硬脆不变软，耐贮运是其突出特点。果面蜡质厚，无畸形果，雨后基本不裂果，但个别年份，个别果实顶部脐孔处有轻微的裂口，成熟期集中，一次即可采收完毕。在烟台，6月上中旬成熟，比先锋早熟7～9天。

树体强旺，萌芽力、成枝力均强，易成花，早产、早丰，自花结实率高，5～6年丰产。花期耐霜冻。

8. 先锋

果实中等偏大，平均单果重8.5克，大者12.5克。五年生树株产13千克时，平均单果重在9克以上。果实圆球形至短心脏形，果柄短，平均2.8厘米左右，果皮紫红色，艳丽，厚而韧。果肉玫瑰红色，肉质脆硬，肥厚、多汁，味极甜，可溶性固形物含量22%，高的达24%，品质佳，耐贮运，冷风库贮藏15～20天，果皮不褪色。在烟台地区6月上中旬成熟，熟期一致，很少裂果。

树势强健，枝条粗壮，结果早，丰产性较好。花粉量大，可作授粉树或主栽品种。异花授粉，适宜授粉品种为雷尼、滨库等。

9.雷尼

果个大，平均单果重8～9克，果实呈宽心脏形，果面底色黄，着鲜红色晕，甚美丽。果肉无色、质硬，含可溶性固形物15%，品质佳，较抗裂果，耐贮运，是中晚熟品种。树势强健，节间短，枝条粗壮。抗寒性强，进入结果期早，自花不实，但花粉多，是优良的授粉品种。

10.胜利

果实扁圆形，果个大，单果重10～13克，果柄中短，果皮紫红色，果肉果汁暗红色，果肉较硬，果皮较厚，味酸甜，可溶性固形物含量18%～20%，耐贮运。

树体强旺，枝条粗壮，叶片大，有明显的短枝性状。一般4年结果，较丰产。在烟台，6月上中旬成熟。自花不实，适宜授粉品种早大果、先锋、雷尼等。

11. 佐藤锦

果实短心脏形，平均单果重 6～7 克；果皮黄色底上着鲜红色，光泽美丽；果肉白色，带鲜黄色，肉厚，酸味少，甜酸适口；可溶性固形物含量 18％；核小。树势强健，树姿直立。丰产。果实 6 月上旬成熟，较那翁早 5 天。耐贮性较好。

该品种适应性强，在山丘地砾质壤土上生长结果良好；丰产，是一个黄色、硬肉，现有鲜食品种中品质最佳的优良中熟品种。

12. 拉宾斯

果实近圆形或卵圆形，果个大至极大，加拿大报道平均单果重 11.5 克；果梗中长中粗，不易萎蔫；果皮厚而韧，紫红色，光泽美观；果肉肥厚，硬脆，汁多；可溶性固形物含量 16％，风味、质地佳良。树势健壮，树姿较直立；可自花结实，也宜作授粉树。裂果很轻。耐寒。6 月中下旬成熟。最适宜充分成熟时采收，适合鲜销。该品种早果性、丰产性突出，可作为优良的晚熟品种加以发展。

13. 萨米脱

果实长心脏形，果顶脐点较小，缝合线一面较平。果实极大，平均单果重 11～12 克，最大 18 克，幼树结果，单果重在 13 克以上，果皮红色至粉红色，肥厚多汁，肉质较硬，风味上等，可溶性固形物含量 18.5％，离核，果实可食率 93.7％，果柄中长，柄长 3.6 厘米，在烟台地区 6 月中下旬成熟，熟期一致，较抗裂果，花期耐霜冻，果实价格高。

树势强旺，树姿半开张，成花易，结果早，早丰产，以花束状果枝和短果枝结果为主，腋花芽多。异花结实，栽植时需配置授粉树，如先锋、拉宾斯、美早等。

14. 滨库

果实大型，平均单果重9克左右。果实宽心脏形，梗洼宽深，果顶较平，近梗洼处缝合线一侧有短深沟。果柄短，果皮浓红色至紫红色，有光泽，果皮厚且韧。果肉粉红色，质地硬脆，甜酸可口，品质上等，离核，耐贮运。在烟台地区6月中下旬、鲁中南地区6月上中旬成熟。采前遇雨有裂果现象。适宜授粉品种有红灯、先锋、斯坦勒等。

树势强健，树姿较开张，枝条粗壮，叶片大，适应性强，丰产。在有防雨设施的条件下可以栽培。

15. 艳阳

果实呈圆形，果柄长度适中，果皮红紫色，成熟时有较好的光泽。果肉甜美多汁，质地较软，不适于远距离运输。幼树阶段可连续高产，且果实大，属中熟品种，有较强的抗寒性，但该品种易感病毒病。

16. 斯坦勒

果实心脏形，平均单果重7.1克，重者9.2克以上；果梗细长；果皮厚而韧，紫红色，光泽艳丽；果肉淡红色，致密而硬，汁多，酸甜爽口，风味佳；含可溶性固形物16.8%，可食率

91%。树势强，能自花结实；花粉多，也是良好的授粉品种。较抗裂果，耐寒性较弱。经试栽，6月中下旬成熟，早果性、丰产性突出，可以作为晚熟品种适度发展。

17. 佳红

果实个大，平均单果重9.67克，最大果重11.7克。果形宽心脏形，整齐，果顶圆平。果皮浅黄，质较脆，肥厚多汁，风味酸甜适口，品质上乘。可食率为94.58%。可溶性固形物含量19.75%，总糖13.75%，总酸0.67%。核小，卵圆形，黏核。在大连地区4月18日初花，4月21日至25日盛花，6月21日果实成熟。

树势强健，生长旺盛，枝条粗壮，萌芽力强，坐果率高，对栽培条件要求略高。幼树期间生长直立，盛果期后树冠逐渐开张。多年生枝干紫褐色，一二年生枝棕褐色，枝条横生并下垂生长，一般定植后3年结果。叶片大，宽椭圆形，基部呈圆形，先端渐尖。叶片较厚，叶片平展，深绿色，有光泽，在枝条上呈下垂状生长。花芽较大而饱满，数量多密度大，早期产量高。适宜授粉品种为巨红和红灯，授粉树的比例应在20%以上。6年生树每亩产量为509.4千克。

18. 斯帕克里

果实大，平均单果重10.4克，最大16克。果实圆形至阔心脏形，果皮鲜红色至紫红色，具光泽，颇美观。果肉红色色至紫红色，肉质硬、脆，味甜，品质上等，可溶性固形物含量

17.8%。缝合线凹陷，果柄短，高抗裂果。在烟台，6月中下旬成熟，熟期一致，一次即可采收完毕。耐贮运。

树体健壮，长势中庸，枝条萌芽率高，成枝力中等。幼树极易成花，一年生枝条甩放后，极易形成一串叶丛状果枝，树体结果早，丰产来得快，而且能连年丰产。早结果、极丰产是其突出优点之一。适合密植栽培，可采用2米×4米或2.5米×4米株行距，为维持理想果个，需控制产量，并加大肥水管理。

19.红手球

果实为短心脏形至扁圆形，果个大，平均单果重10克，果皮底色为黄色，着鲜红色至浓红色。果肉较硬，最初为乳白色，随着成熟度的提高，在核周围有红色素，果肉呈乳黄色。味甜不酸，可溶性固形物含量19%，高者达24%。在烟台，6月下旬成熟，熟期较一致。

树体强健，树姿较开张，具有良好的早果性及丰产性。其适宜的授粉品种为南阳、佐藤锦、那翁、红秀峰。

20.友谊

果实心脏形，缝合线较深，果个较大，单果重8～12克，果柄粗长，果皮红色至紫红色，果汁鲜红色，果肉较硬，味酸甜，可溶性固形物含量16%～19%。树体较弱，叶色浅绿，幼叶黄绿，早果、丰产。在烟台，6月下旬成熟，个别年份有裂果现象。适宜授粉品种有胜利、雷尼、先锋等。

21. 萨姆

果实大，紫红色至黑色，果肉硬，酸甜可口，品质优良，裂果少，树势旺盛，丰产，抗寒。为优良的晚熟品种。

## 三、欧洲酸樱桃系统

本系统可按果肉和果汁色泽分为两类，我国栽培的酸樱桃，仅有毛把酸一个品种。

毛把酸又名磨把儿、早利，是一个紫色、软肉、晚熟品种。果实小，圆球形或扁圆球形，顶部平，脐痕凹陷，平均单果重2.5克。果皮浓红紫色，具蜡状光泽。果肉柔软、多汁，有爽口的甜酸味。6月中下旬成熟，品质中下等。果柄基部常残留有苞片呈小叶状，为本品种的典型特征。

毛把酸适应性较强，根部极易发生萌蘖。树冠小，结果早。花期晚，不易受晚霜危害。可以作为甜樱桃的授粉树，或作为甜樱桃的砧木。

## 四、欧洲杂种樱桃系统

本系统也可根据果肉果汁的颜色分为两类。在我国栽培的代表品种是琉璃泡(May Duck)。

琉璃泡又名玻璃灯、长把酸、珊瑚等，是一个软肉、晚熟的甜酸樱桃杂交品种。果实较小，扁圆形或近圆形，单果重

3.3～4 克。果皮紫红色，薄而光亮。果肉柔软多汁，甜酸。6 月中下旬成熟，品质中等。

琉璃泡适应性强，在山丘地和沙地栽培，生长结果良好。果实除鲜食外，还可酿酒。是生食、加工兼用品种。

# 第三章　樱桃的生物学特性

## 第一节　树木的类型和特性

### 一、乔木型

甜樱桃、中国樱桃和甜樱桃和甜、酸樱桃杂交种等，都属于这一类型。树体高大，长势健旺，干性强，层性明显，树冠呈自然圆头形形成半圆形。在山东烟台地区，甜樱桃的树高一般为 5～6 米，最高达 7 米左右；冠径一般为 5～6 米，最大可达 8～9 米。树冠中骨干枝的级次和成枝强的品种(如大紫、小紫等)较高；成枝弱的品种(如那翁等)较低。甜樱桃一般 4～5 年生开始结果，8～10 年生进入盛果期，盛果期一般可维持 15～20 年。30 年生大树，多数进入更年期；40 年左右的大树，则已进入衰老期。甜樱桃的根萌蘖力差，但枝干潜伏芽寿命长，是骨干枝和树冠更新的基础，一般成枝力弱，离心生长慢的品种，更新周期长。甜樱桃的更新方式，是在保留主干的基础上对主、侧枝或结果基枝分别分年进行。

中国樱桃一般不及甜樱桃高大。在山东泰安,60 年生的大树,树高为 3.97 米,冠径为 5.7 米,分枝级次 5～6 级。层性不及甜樱桃明显。浙江诸暨,诸暨短柄樱桃 30 年生的大树,树高 4.3 米,冠径 1 米,无明显层性。中国樱桃开始结果比甜樱桃早,一般栽后 3 年即开始结果,5～10 年进入盛果期,30～35 年开始衰老更新。潜伏芽寿命较短,但枝干基部萌蘖力强。因此,具有依靠潜伏芽和萌蘖进行更新两种方式;侧枝的寿命较短,但枝干基部萌蘖力强。因此,具有依靠潜伏芽和萌蘖进行更新两种方式。侧枝的寿命一般 7～8 年,多由其下方的潜伏芽萌发成强壮的侧枝得以更新;萌蘖则是树冠更新的基础。在管理水平较高的情况下,植株的寿命可达百年之久;管理粗放或环境条件不适宜时,寿命仅有 30 年左右。

## 二、灌木型

酸樱桃和毛樱桃属于这一类型。树体矮小,长势中庸,干性弱,层性不明显,树冠呈丛状扁圆头形。骨干枝级次较少。烟台地区,毛把酸树高 2 米上下,冠径 3～4 米。放任情况下,多呈灌木状;人工整形的,可培养为具有主干的小乔木。

酸樱桃和毛樱桃一般 3 年生开始结果,7～8 年生进入盛果期,盛果期 15 年左右。均具有强大的萌蘖力,因此,主要依靠萌生根蘖而不断更新,从而使整株寿命延续至数十年。

## 第二节　芽的类型和特性

### 一、叶芽的特性

1. 樱桃的叶芽

较瘦长，分布于务类枝条的顶端或发育枝的叶腋间，以及长果枝、混合枝的中上部；叶芽萌发后，抽枝、展叶，形成各级骨干枝和结果枝。

2. 樱桃的萌芽力强

中国樱桃和酸樱桃的萌芽率最高，一年生枝上的芽几乎能够全部萌发。甜樱桃的萌芽率相对低一些。大紫、小紫、黄玉等品种的萌芽率较高，滨库、那翁等较低。

3. 成枝力

酸樱桃中的毛把酸，成枝力最强，中国樱桃次之，甜樱桃又次之，一般随树龄而递减；以浙江省诸暨为例，中国樱桃每年有三次生长，形成春梢、夏梢和秋梢。甜樱桃中的黄玉易发生副梢，那翁萌发副梢的能力较差。樱桃新梢的多次生长特性，为幼树迅速扩大树冠、尽早结果，提供了有利条件。对 3 年生的甜樱桃大紫、那翁幼树的新梢摘心，分枝数增加 90％～130％，冠径扩大 14.3％～33.3％，开花株率达到 10％

左右。

## 二、花芽的特性

樱桃的花芽，除着生在花束状果枝、短果枝和中果枝上外，长果枝、混合枝基部的 5～8 个较大腋芽，也常为花芽。

花芽为纯花芽，开花结果后，着生部位即行光秃现象，致使结果部位较快地外移。

## 三、樱桃的潜伏芽

1. 由副芽形成

副芽着生在枝条基部，形体很小，是侧芽的一种。这种芽的发育程度很差，一般是在其形成若干年之后，当营养条件改善或受到刺激时，才萌发抽枝。

2. 潜伏芽的寿命因种类而异

中国樱桃 5～10 年，酸樱桃长者 5～7 年，甜樱桃潜伏芽的寿命，长达 10～20 年。潜伏芽是骨干枝和树冠更新的基础，应加以保护和利用。

# 第三节　枝条的类型和特性

樱桃的枝条可分为发育枝和结果枝两类。

## 一、发育枝

形成树冠骨架和增加结果枝数量。其前端的叶芽抽枝展叶,扩大树冠,下部腋芽则抽生结果枝,但结果枝顶芽既可继续抽生结果枝,有时也可萌发为发育枝。因此除幼树时徒长更新枝外,大部分都有混合枝。中国樱桃进入盛果期的成年树易抽生混合枝。

## 二、结果枝

1. 结果枝分类

依长度分为长果枝、中果枝、短果枝和花束状果枝 4 种。

2. 各类结果枝的特性

长果枝是长度为 15～20 厘米的果枝,除顶芽和枝条前端的几个腋芽为叶芽外,其余全部为花芽,中果枝长 5～15 厘米,除顶芽为叶芽外,其余全部为花芽。短果枝长 5 厘米左右,除顶芽为叶芽处,其余全部为花芽。短果枝上的花芽,一般发育质量较好,坐果率也高。花束状果枝是极短的果枝,年生长量一般仅有 1～1.5 厘米。顶端具有叶芽,腋花芽簇生。中国樱桃多以长、中、短结果,如山东诸城的水樱桃、诸暨短柄樱桃长果枝的比率较大。黑珍珠花束状结果枝比率大。幼龄树长、中、短果枝的比例约为 1∶0.9∶3。短果枝数量多,坐果率高，但结果枝平均结果数少，产量低。丰产树以长果枝结果为主，其结果数占全树的50%左右。长果枝和混合枝的花芽都形成在枝条的前半部，中、短果枝，甜樱桃的初果期树，长果枝也占有一定的比例。长果枝较多的品种（如大紫），由于其顶端逐年延伸，树冠呈疏散状。中果枝长5～15厘米，除顶芽为叶芽外，其余全部为花芽。中果枝是中国樱桃和酸樱桃的主要果枝果型。短果枝长5厘米左右，除顶芽为叶芽处，其余全部为花芽。短果枝上的花芽，一般发育质量较好，坐果率也高。花束状果枝是极短的果枝，年生长量一般仅有1～1.5厘米。顶端具有叶芽，腋花芽簇生。这种果枝是那翁、水晶、鸡心等甜樱桃品种的主要果枝类型，花束状果枝的寿命很长，一般可达7～10年。在良好的管理条件下，那翁花束状果枝的寿命，甚至可长达20年之久。花束状果枝花朵坐果率最高。一般壮树，壮枝上的花束状果枝，花芽数量较多；弱树、弱枝上则相反。在以花束状果枝结果为主的品种上，由其顶芽萌发逐年顺直延伸生长，形成一种单轴延伸型枝组。由于花束状果枝的年生长量极小，寿命长，在树冠中分布密度大，坐果率又高，所以，以花束状果枝结果为主的品种，结果部位外移慢，产量高而稳定。

3. 结果枝类型的数量及其比率，是影响树型和丰产性的重要因素

中国樱桃中的金红樱桃以短果枝结果为主，其他类型的

果枝少，树冠紧凑；诸暨短柄樱桃虽以长果枝结果为主，但结实力强的中果枝也较多，树冠稀疏开张；二鹰樱桃以结实实力低的纤弱混合枝居多，树冠稀疏开张。甜樱桃的初果期和初盛果期壮树，酸樱桃以及甜樱桃中成枝力强的品种，均有相当数量的长果枝和混合枝，在产量构成中占有重要地位。7 年生毛把酸长果枝的结果量，占全树总果数的 88.4%；8 年生小紫长果枝的结果量，占全树总果数的 47.2%。8 年生大紫混合枝的结果量，占全树总果数的 74.4%；20 年生的大紫盛果期大树，虽然有 57.5%的果实着生在花束状果枝上，但长果枝和混合枝的结果量，仍占全树总果数的 16.1%。这类品种骨干枝 2～10 年生的枝段上，其果枝数量和结果量，常随着枝龄和枝量的增长而增加。成枝力弱的甜樱桃（如那翁），以及其他种类和品种的盛果期大树，主要是花束状果枝上的果实构成产量，果枝及果量在树冠中有分布，要比成枝力强的品种均匀得多。

4. 樱桃不同类型的果枝之间，结果枝与发育枝之间，在一定的条件下能够相互转化

要生产实践中，可以通过改善树体营养状况和采取相应的修剪措施，来调整结果枝与发育枝以及不同类型果枝之间适当比例。

## 第四节 根系的特性

樱桃的根系，按其来源可分为实生根（实生苗）和茎原根（扦插或分株苗）。

1. 樱桃根系的生长及其结构特点

因砧木种类和砧苗繁育方式而不同，土壤条件对其有重大影响。

中国樱桃中，草樱桃的须根发达，垂直分布不深，多集中在0～50厘米的土层中，水平伸展范围很广，可以超过树冠的4倍左右，易萌发根蘖。如在冲积性壤土上，骨干根和须根，集中分布在地表下5～35厘米的土层中，以20～35厘米深的土层中最多。草樱桃砧嫁接的27年生甜樱桃，水平根伸展长达1 100厘米，约超过树冠2.5倍。泰山樱桃主根不发达，须根和水平根多，根系浅，多分布在地表下20～30厘米深的土层中。酸樱桃中，马哈利酸樱桃主根特别发达，根系深，须根较少。毛把酸根系发达，主根粗，细长根多，须根少而短。在沙壤土上，用它作为砧木嫁接的成龄树，根系分布深达70厘米，80%的根系分布在20～40厘米深的土层中。

2. 不同的砧苗繁育方式、土壤条件和管理水平，对根系结构都有影响

一般播种繁育的，由实生根形成的根系中，骨干根特别是垂直根较发达，根系分布层较深。扦插或分株繁殖的、由茎原根形成的根系，一般垂直根不发达，水平根发育强健，须根量大，根系在土壤中的分布相对较浅。要土层较深、透气性好、管理水平较高的情况下，根量大，分布范围广，垂直生长也深。综上所述，选择砧木种类、砧苗繁育方法、加强土壤改良和土壤管理等，是促进樱桃根系发育的重要技术措施。

## 第五节 物 候 期

### 一、萌芽与开花

1. 花芽萌动

中国樱桃在日平均气温 7～8℃、甜樱桃、酸樱桃和甜酸樱桃杂交种约在日平均气温 10℃时开始。中国樱桃在浙江诸暨 2 月上旬花芽萌动，3 月初（3 月 5 日左右）初花，1～2 天后盛花，花期长短因品种、树势、树龄和气候而异，一般为 6～12 天。甜樱桃的开花期（烟台为 4 月中下旬）。酸樱桃和甜樱桃杂交种的花期较迟，不易遭受晚霜危害。整个花期，可延续 7～10 天。甜、酸樱桃中，各品种花期早晚的顺序是：早

紫—大紫、小紫—水晶、那翁—鸡心、秋鸡心、琉璃泡—毛把酸。同一品种幼树、壮树花期较晚,大树、弱树花期较早。树冠中下部的花先开,花束状果枝、短果枝上的花先开。在春季温度高的年份,开花早而花期短。

2.叶芽的萌动期

一般比花芽萌动期晚5～7天。中国樱桃于2月中旬至3月初萌动,3月中下旬展叶,隐芽寿命很长,有5～10年,是骨干枝和树冠更新的基础。

## 二、新梢生长

甜樱桃叶芽萌发后,有一个短暂的新梢初生长期,历时1周左右。开花期间,新梢几无加长生长,一般只有1～2厘米。谢花后,春梢进入迅速生长期。中国樱桃新梢生长自3月下旬开始,4月初进入旺长期、4月10日后生长基本停止,直到4月底,5月初果实采收后,新梢生长又加快,六七月停梢。在甜樱桃的幼树上,春梢生长一直延续到6月底至7月初。盛果期大树,春梢生长在果实成熟前渐趋缓慢,采果后10天左右停止生长。幼树上的秋梢和二次枝,初果期树上的秋梢,以及结果大树上由潜伏芽抽生的徒长枝,生长延续时间较长,有的到8月中下旬停止生长。成枝力强的种类、品种,幼树、旺树和结果少的树,特别是降雨量多的年份,新梢生长量大,生长期长,生长次数多,一般具有春、秋梢二次生长,

有的还能抽生二次枝。结果树一般只有春梢一次生长。

## 三、叶

樱桃叶为卵圆形，倒卵形或椭圆形。先端渐尖，基部有腺体1～3个，颜色与果实颜色相关。一般中国樱桃树叶较小而甜樱桃叶较大，另外叶缘锯齿中国樱桃多尖锐，甜樱桃锯齿比较圆钝。叶的大小、形状及颜色，不同品种有一定差异。随着新梢的初期生长而逐渐展开，叶面积逐日扩大。谢花后，随着春梢的迅速生长，叶片数量增加，叶面积迅速扩大。至果实硬核期前后，叶面积的增长速度渐趋缓慢。春梢中、下部的叶片，一般在5月中下旬停止生长。叶面积的扩大多随着新梢加长生长的停止而停止。

## 四、果实发育

樱桃的果实发育期很短。中国樱桃品种诸暨短柄樱桃从谢花至果实成熟只有40天；甜樱桃的早、中熟品种，从谢花至果实成熟只有30～40天，晚熟品种为40～50天。樱桃整个果实发育过程，可划分为第一次速长期、硬核和胚发育期，以及第二次速长期等三个时期。果实第一次速长期，从受精后开始至硬核前。主要特点是子房细胞分裂旺盛，果实迅速膨大。果核（子房内壁）增长至果实成熟时的大小，胚乳也迅速发育。第二个时期为硬核和胚发育期，主要特点是果实纵、横

径增长缓慢，果核木质化，胚乳逐渐为胚的发育所吸收消耗。果实第二次速长期，自果实硬核后至果实成熟，主要特点是果实迅速膨大，横径增长量大于纵径增长量。据观察，甜樱桃大紫、小紫、那翁等品种第一次速长期，分别历时14天、15天和9天。这一时期结束时的果实大小，为采收时果实大小的53.6%～73.5%。硬核和胚发育期，大紫、小紫各为8天，那翁为14天，果实的实际增长量，仅占采收时果实大小的3.5%～8.6%。第二次果实速长期，大紫、小紫为11天，那翁为17天。这一时期果实的实际增长量，占采收时果实大小的23%～37.8%。

## 五、花芽分化

中国樱桃品种的花芽生理分化在5月中旬、7月中旬开始花芽形态分化，8月20日左右是萼片分化期。甜樱桃花芽分化时间较早，在果实采收后10天左右便开始生理分化，而后转入形态分化。从解剖镜观察，开始形成苞片而后形成花原基，再进入花萼形成期，花瓣形成期及雄蕊和雌蕊原基形成期等5个时期，历时1个多月，山东一般在6月下旬至7月上中旬。在正常情况下，甜樱桃每朵花只分化1个雌蕊，但在夏季高温干燥时，1朵花可以分化出2～4个雌蕊，第二年开花结果后，能结出2～4个果连在一起的畸形果，例如，在1997年夏北京地区高温干燥，1998年此地区生产的樱桃连体畸形

果比例较多。为了促进花芽分化，在樱桃采收后要及时施肥浇水，补充果实的消耗，促进枝叶的功能，制造更多的光合作用产物，为花芽分化提供物质保证。

## 六、落叶和休眠

樱桃的正常落叶期在初霜过后，浙江地区樱桃的落叶时间为 11 月底，山东地区为 11 月上中旬。充分成熟的枝条落叶适时，幼树或不成熟的秋梢落叶较迟。在管理粗放时，由于病虫害或干旱影响，常引起提前落叶，这对树体发育、安全越冬及次年产量都有不良影响。樱桃的自然休眠期 80～100 天。中国樱桃较短，酸樱桃和甜樱桃较长。自然休眠期过后，芽对温度升高的反应十分敏感，因此，在早春温度变化剧烈的地区栽培樱桃时，应特别注意预防“倒春寒”的危害。

# 第四章　樱桃的生态环境要求

樱桃生长对外界生态环境条件有特定的要求，主要是温度、光照、水分、土壤、地形地势等因素。现代无公害樱桃生产应选择生态条件良好、远离污染源并具有可持续生产能力的农业区域。

## 一、温度

1. 樱桃对温度条件的要求较严格，种类间有较大的差异

甜樱桃和中国樱桃喜温而不耐寒，适于在年平均气温10～12℃以上的地区栽培。酸樱桃较耐低温，毛樱桃可以在年平均气温4.0～7.3℃的地方栽培成功。

2. 樱桃在年周期发育过程中的不同时期，对温度状况有不同的要求，种类、品种间也有差异

中国樱桃原产长江流域，适应温暖而潮湿的气候，园地应选择在全年日平均气温高于10℃的天数有150～200天的地方。它早春开花，易受霜冻危害。从萌芽、开花到幼果生育期，对低温的忍耐力不同，其致害温度：花蕾期为－5.5～

1.7℃;开花期和幼果期为－2.8～－1.1℃。以浙江诸暨地区为例,2010年3月9日最低气温达－9℃,造成樱桃绝收。甜樱桃萌芽期适宜温度在10℃上下,开花期15℃左右,果实成熟20℃上下。花蕾着色期遇到－5.5～－1.7℃的低温,开花期和幼果期遇到－2.8～－1.1℃的低温,均会发生冻害。轻者伤害花器幼果,重者则濒临绝产。山东烟台、福山等甜樱桃集中产地,新中国成立以来发生多起晚霜冻害,减产达80%。温度急剧下降比缓慢下降冻害程度要高93%。

3.樱桃果实发育期间夜间平均气温的高低,对果实的发育有显著的影响

在第一次速长期和核硬化期,平均夜温宜高;第二次速长期平均夜温宜低,有利于缩短果实生长期,获得早熟果实。果实成熟期平均夜温在19℃左右时,可溶性固形物含量最高。

4.在我国大部分地区,生长季的长短和积温的数量,一般都能满足樱桃生长的要求

冬季的绝对低温及不同品种的休眠长短,成为中国樱桃和甜樱桃及同一种类不同品种分布区域的重要因子。樱桃是喜温而不耐寒的落叶果树,中国樱桃原产于我国长江流域,适应温暖潮湿的气候,耐寒力较弱,故长江流域及北方小气候比较温暖地区栽培较多,中国樱桃一年生苗在－15℃时就会冻死。甜樱桃和酸樱桃原产于西亚和欧洲等地,适应比较凉爽

干燥的气候，在我国华北、西北及东北南部栽培较宜。冬季温度为−20～−18℃时，甜樱桃的大枝就会发生严重冻害；气温下降至−25.2℃时，会造成大量死树。酸樱桃的耐寒较强，可以忍耐冬季−36℃的低温。中国樱桃完成休眠需冷量为7.2℃以下500～700小时，甜樱桃完成休眠的需冷量为900～1 400小时，酸樱桃需要1 200～2 500小时，在南方种植不能满足其需冷量，因此不能种植。

## 二、光照

樱桃是喜光果树，特别甜樱桃光照要求更强。浙江中国樱桃主产地诸暨年日照平均时数1 962小时，山东甜樱桃主产地烟台的年日照时间一般为2 600～2 800小时。因此在建园时要选择的地形要开阔、光照充足。遮光背阴的地方如丘陵、山地的北坡等不宜建樱桃园。

## 三、水分

### 1. 中国樱桃和酸樱桃对水分要求不严，具有一定的抗旱力

在年降雨量600～1 600毫米的地区均能栽培，尤以600～700毫米地区为最适。甜樱桃对水分状况很敏感，既不抗旱也不耐涝。毛樱桃的抗旱力强，可以在年降雨量130～460毫米的地方栽培成功。

2.樱桃对水分状况的要求,依不同生育期而异

以甜樱桃为例,随着果实生长、叶面积迅速扩大,对水分的需要量也越来越多。土壤含水率下降至7%时,叶片萎蔫变色,至10%时,地上部停止生长。干旱最严重时引起叶黄落果,以至大量减产。据调查,甜樱桃果实发育第二期(硬核期)的末期,叶黄落果最易发生,严重者可达50%以上。如烟台北上坊大队1978年和1981年,因春旱落果,使大紫减产3.5万~4万千克。因此,烟台果农早就有"樱桃不离水"的经验。受旱以后,要果实发育的第三个时期(第二次速长期)偶尔降雨,又往往造成裂果,降低果实品质。在南方地区种植樱桃要做好排灌设施,南方往往4~6月和台风季节雨水较多,容易发生涝灾,在7~8月又是高温干旱季节,易发生旱灾。灌溉水的质量标准见表4-1。

**表4-1 灌溉水的质量标准** 毫克/升

| 项 目 | 指 标 |
|---|---|
| 生化需氧量($BOD_5$) | ≤150 |
| 化学需氧量(CODcr) | ≤300 |
| 悬浮物 | ≤200 |
| 阴离子表面活性剂(LAS) | ≤8.0 |
| 凯氏氮 | ≤30 |
| 总磷(以P计) | ≤10 |
| 水温(℃) | ≤35 |
| pH | ≤5.5~8.5 |

续表 4-1

| 项 目 | 指 标 |
| --- | --- |
| 全盐量 | ≤1 000(非盐碱土地区)≤2 000(盐碱土地区)有条件的地区可适当放宽 |
| 氯化物 | ≤250 |
| 硫化物 | ≤1.0 |
| 总汞 | ≤0.001 |
| 总镉 | ≤0.005 |
| 总砷 | ≤0.1 |
| 铬(六价) | ≤0.1 |
| 总铅 | ≤0.1 |
| 总铜 | ≤1.0 |
| 总锌 | ≤2.0 |
| 氟化物 | ≤2.0(高氟区)≤3.0(一般地区) |
| 氰化物 | ≤0.5 |
| 石油类 | ≤10 |
| 挥发酚 | ≤1.0 |
| 苯 | ≤2.5 |
| 三氯乙醛 | ≤0.5 |
| 丙烯醛 | ≤0.5 |
| 硼 | ≤1.0 |
| 粪大肠菌群数(个/升) | ≤10 000 |

## 四、土壤

樱桃最宜在土层深厚、土质疏松、保水力较强的沙质壤土,或壤质沙土、砾质壤土上栽培,酸樱桃能够适应黏质土壤,中国樱桃则适宜在疏松的沙质土壤上栽培。

樱桃耐盐碱能力差，适宜的土壤酸碱度，一般 pH 为 6.0～7.5。甜樱桃、中国樱桃适于微酸性和中性土壤，要求活土层深厚，至少 100 厘米；土壤有机质含量 1%以上；忌重茬。酸樱桃适于微碱性，毛樱桃能够适应碱性土壤。土壤环境质量指标见表 4-2。

**表 4-2　土壤环境质量指标**　　毫克/千克

| 项目 | 指标 | | |
|---|---|---|---|
| 土壤 pH | <6.5 | 6.5～7.5 | >7.5 |
| 镉 | ≤0.3 | ≤0.3 | ≤0.6 |
| 汞 | ≤0.3 | ≤0.5 | ≤1.0 |
| 砷 | ≤40 | ≤30 | ≤25 |
| 铜 | ≤150 | ≤200 | ≤200 |
| 铅 | ≤250 | ≤300 | ≤350 |
| 铬 | ≤150 | ≤200 | ≤250 |
| 锌 | ≤200 | ≤250 | ≤300 |
| 镍 | ≤40 | ≤50 | ≤60 |
| 六六六 | | ≤0.5 | |
| 滴滴涕 | | ≤0.5 | |

## 五、地形地势

园地应选择晚霜不易发生的山坡中部和开阔地带，避免在谷地、低畦处和海拔 600 米以上山地建园；如在有霜冻危险地建园，应尽量选北坡或西北坡及春季气温回升慢的地方，使其延迟开花，避过倒春寒。

樱桃垂直根分布不深，多集中在距地表50厘米的土层中。水平分布较大多数果树广，可超过本身树冠半径的4倍左右。由于樱桃根系浅，易倒伏，应选背风坡建园，或营造防风林防风。

## 六、排灌

樱桃叶片大而薄，水分蒸腾量大，不耐旱，必须有必要的灌溉设施，以保证适宜的土壤湿度。因此，园地周围要有水源，旱时能及时灌水，且地下水位要较低而不易积水，雨季能较好地排水防涝。

# 第五章　樱桃育苗技术

优质樱桃苗木是生产的基础，苗木质量的好坏不仅直接影响到树体生长的快慢、结果的早晚和产量的高低，而且对树体的适应性和抗逆性也有很大影响。因此，生产中要注重繁育优质、健壮的苗木。

## 第一节　砧木品种的选择

目前我国中国樱桃上采用的主要砧木品种是易繁殖、根系发达，生长迅速的草樱桃，大樱桃的砧木品种主要有中国樱桃、草樱桃、山樱桃、酸樱桃、考特、马哈利、马扎德樱桃、青肤樱和吉塞拉系列等。

1. 中国樱桃

中国樱桃，如黄樱桃、大窝娄叶、大叶青、莱阳矮樱桃均可作为砧木。

中国樱桃根系分布浅，无明显主根，须根发达，不抗涝，耐寒力差，扦插易生根，用健康树作母树，无性繁殖的苗木生长健壮，几乎无病毒症状，且根系发达，抗倒伏。

大窝娄叶须根发达，生根浅，适应性强，耐干旱瘠薄，但不抗涝，耐寒力差。种子出苗率高，扦插易生根，嫁接成活率高，进入结果期早。较抗根瘤病，但实生苗病毒病较重。

大叶青须根较少，粗根较多，长势强，不易倒伏，寿命长，繁殖、嫁接容易，抗干旱瘠薄，适应性强，喜沙质壤土，在黏土地上较易感染根瘤病和流胶病。

莱阳矮樱桃具有明显的矮化特征，根系发达，扦插繁殖容易，但据调查，不同程度的表现有病毒病症状，可适当作为大樱桃的砧木。

2.草樱桃

主产于山东各地，根萌蘖力极强，萌蘖分株或枝条扦插，均易生根成活，繁育系数高。草樱桃砧毛根发达，适应性强，与甜樱桃、中国樱桃品种间的嫁接亲和力强，接株健壮，丰产，最宜在沙质壤土或砾质壤土生长。但在黏重土壤上，疏于管理时，初盛果期树（7～8 年生）嫁接部位易流胶，严重时还会造成整株死亡。草樱桃砧对根癌病有高度抗性，但因根系较浅，嫁接植株树体高大，遇强风易倒伏。

烟台市的草樱桃，有大叶、小叶两种类型。大叶型草樱桃叶片大而厚，叶色浓绿，枝条粗壮，节间短，分枝较少，但根量少，粗根多。枝条扦插成活率较低，宜用带根的分蘖苗繁育，嫁接植株长势健壮，不易倒伏。小叶型草樱桃叶片小而薄，叶色深绿，枝条较细，节间较短，分枝多，但苗势较弱，毛根极多，粗根少。枝条扦插成活率高，嫁接植株长势不及大叶型草樱桃砧。应用草樱桃砧繁殖甜樱桃苗木时，以采用大叶型为宜。

3. 山樱桃

山樱桃属大乔木，种子发芽率高，苗期生长快，当年即可嫁接，嫁接成活率高达 90%左右。该砧木抗寒性强，高抗根瘤病。嫁接苗生长健壮，3 年即可结果。缺点是作大樱桃砧木时，根系分布范围较小。

4. 酸樱桃

酸樱桃即毛把酸，是山东省烟台市繁殖大樱桃的主要砧木。其根系发达，主根粗壮，细长根多。它与大樱桃嫁接亲和力较强，嫁接株生长旺盛、丰产、寿命长。缺点是易染根瘤病。

5. 考特

考特是英国杂交育成的第一个大樱桃半矮化砧木。用它嫁接的大樱桃树体小，结构紧凑，花芽分化早，丰产，果实品质好，是优良的大樱桃砧木。考特的分蘖生根能力强，易于通过扦插或组织培养繁殖。其砧苗根系发达，抗风力较强。它与大樱桃嫁接亲和力强，抗病，抗寒力较强。适于在潮湿土壤中生长，对于干旱反应敏感。

6. 马哈利

马哈利原产于欧洲东部和南部，是欧美各国广泛采用的大樱桃砧木，近年来被我国引入作为大樱桃砧木。马哈利为乔木，根系发达，抗旱，抗寒，在－30℃气温下不受冻害。马哈利种子萌芽率高，多用种子繁育。实生苗生长健壮，当年可供芽接。它与大樱桃嫁接亲和力好，嫁接苗结果早，丰产。马哈利属乔化砧，但嫁接部位高时有矮化特征。缺点是不耐涝，适宜于轻沙壤土，在黏重土壤中栽培生长不良。

7. 马扎德樱桃

马扎德樱桃是原产于欧洲西部的大樱桃野生种。通常用种子繁殖砧苗，在黏重土上反应良好，生长旺盛，树势强健，与大樱桃嫁接亲和力强。用它做砧木嫁接的树体高大、寿命长、产量高，较耐瘠薄和寒冷，抗根腐病。树冠大，但进入盛果期晚。根系浅，易感细菌性根瘤病、树脂病和枝枯病，在我国辽宁大连、北京及河北秦皇岛有少量应用。

8. 青肤樱

青肤樱又叫青叶樱，为日本大樱桃的主要砧木，引入我国后在辽宁大连等地应用较多。其扦插成活率高，与大樱桃亲和力强，嫁接株生长良好。根系浅，不耐旱，遇大风易倒伏，易患根瘤病，作大樱桃硬肉品种砧木效果好。

9. 吉塞拉系列

该系列是引自德国的优新大樱桃系列矮化砧，其中，综合性状较好的有吉塞拉5、吉塞拉6、吉塞拉7和吉塞拉12，而吉塞拉5还被列为欧洲最丰产的大樱桃矮化砧木，其矮化效果及产量状况优良。这些砧木的共同特点是矮化、早果、丰产、抗根瘤病和流胶病，并且可在黏重土壤上栽培，树体较开张，果实品质优。吉塞拉系列属矮化砧，特别适合密植和棚室栽培，一般的樱桃树4～5年结果，而嫁接在吉塞拉砧木上的2～3年就可结果。

## 第二节　苗圃地的准备

### 一、苗圃地的选择

在确定樱桃苗圃地时，应重点考虑以下因素。

(1)位置。苗圃地要求交通便利，靠近公路，便于运输苗木和生产物资。还要注意苗圃地附近不能有排放大量煤烟、有毒气体及肥料的工厂等，避免苗木受到污染和影响。

(2)地势。苗圃地宜选择背风向阳、地势平坦、土壤肥沃、土层深厚、地下水位在1～1.5米以下、灌排良好、土质疏松的中性壤土和沙壤土为宜。这类土壤深厚、土质疏松、通气良好、有机质含量较高、土壤微生物分布较多，对种子萌发和幼苗生长都十分有利，并且起苗容易，省时省工，根系损伤较小。

(3)地点。5年内栽培过中国樱桃、桃、李、杏等核果类树的地方不宜培育樱桃苗，以免传染根瘤病；一般菜园地也不要利用，因其病菌多，土壤中能传染病菌的线虫也多，而且樱桃也容易感染土传病害。

(4)灌溉条件。幼苗生长期间根系浅，耐旱力弱，对水分要求突出，如果不能保证水分及时供应，会造成幼苗停止生长，甚至枯死，因此，选择的苗圃地必须要有充足的水源。此外，还应注意水质，大樱桃对水质的要求较其他树种严格，勿用影响苗木生长的污水灌溉。

## 二、苗圃地的规划

苗圃地址确定后，即可进行规划。规划内容包括生产区和辅助用地两部分。

1. 生产区规划

可将生产区划分为播种区、移植区两部分。

2. 辅助用地规划

(1)道路。田间作业道主要为人行道，要求宽度能通过大型喷雾器为宜，一般道路所占面积不得超过苗圃总面积的5%。

(2)排灌系统。包括水源、提水和引水设置。无污染的河、塘、水库、井都可以作为水源。

## 三、苗圃地的整地

整地可以改良土壤的结构和理化性质，提高土壤的透水性和蓄水保墒能力；并可增强土壤的通气性，有利于根系的呼吸；又能促进土壤中微生物的活动，加速土壤有机质的分解，提高土壤肥力。此外，整地还有消灭杂草、拌匀肥料和消灭病虫的作用。因此，土地经过深耕细整，就为苗木生长发育创造了良好条件。

1. 耕地

一般是秋耕要深，春耕要浅；移植苗及培育大苗宜深，播种苗宜浅。具体地讲，秋季可深耕 25～30 厘米，春季浅耕 8～10 厘米，培育大苗的耕地深度应为 25～35 厘米。

2. 施基肥

为保证苗木生长健壮，应结合耕地施基肥，以增加土壤的有机质含量。施肥时应注意以下几点。

(1)基肥量要足，并以有机肥为主。每亩施用优质农家肥应不低于 2 500 千克，为增加基肥的有效成分，可同时混入速效氮、磷、钾肥料，如尿素、碳酸氢铵、过磷酸钙、草木灰等。

(2)农家肥一定要经过充分腐熟，否则易引起肥害“烧苗”和芽枯病。

(3)基肥要与土壤充分混合，以保证肥料的有效利用。

3. 耙地

耙地是在耕地后进行的平表土工作。在北方干旱无积雪地区，为了蓄水，秋耕后应及时耙地；冬季有积雪的地区，要立茬过冬，早春耙地。

4. 做苗床

为了灌水方便，苗圃地翻耕平整后还应做苗床（做畦），常用的苗床形式有高床和低床两种。

（1）高床。高床的床面一般高于人行道 15～20 厘米，床面宽 1～1.5 米，人行道宽 40 厘米，长短可根据地形确定。这种苗床的好处是利于排水和侧面灌溉，可以提高土壤温度，增加土壤通气性，增加土壤厚度，防治发生板结，适用于容易积水的雨量较多的地区。

（2）低床。低床的床面比人行道低 15～20 厘米，其他可同高床。这种床式灌水方便，适用于雨量较少的地区使用。

5. 消毒

在育苗前进行土壤消毒，可消灭病菌，确保苗木安全。常用且效果较好的方法有以下几种。

（1）五氯硝基苯消毒。每平方米苗圃用 75％五氯硝基苯 4 克，代森锌 5 克，混合后，再与 12 千克细土拌匀。播种时下垫上盖，对防治由土壤传播的炭疽病、立枯病、猝倒病等有特效。

（2）福尔马林消毒。每平方米苗圃用福尔马林 50 毫升加水 10 千克均匀地喷洒在地表，然后用塑料薄膜覆盖，闷 10 天左右揭掉塑料薄膜，使气体挥发，2 天后即可播种。这种消毒方法对防治立枯病、褐斑病效果良好。

（3）多菌灵消毒。多菌灵能防治多种真菌病害，对子囊菌和半知菌引起的病害防治效果好。土壤消毒用50%可湿性粉剂，每平方米拌 1.5 克，可防治根腐病、茎腐病、叶枯病、灰斑病等，也可按 1∶20 的比例配制成毒土撒在苗床上，可有效地防治苗期病害。

(4)代森铵消毒。代森铵杀菌力强，能渗入植物体内，在植物体内分解后还有一定肥效。用 50%水溶代森铵 350 倍液，每平方米苗圃土壤喷洒 3 千克稀释液，可防治黑斑病、霜霉病、白粉病、立枯病和根瘤病等多种病害。

生产中山樱桃、马哈利、马扎德、青肤樱、酸樱桃和中国樱桃多采用种子繁殖法来培育砧木苗，草樱桃主要是通过扦插来培育砧木苗，中国樱桃也可采用扦插分株等方法来培育砧木苗；考特多通过扦插或组织培养繁殖；吉塞拉樱桃开花朵结果极少，扦插不易生根，生产中多采用组织培养法培育砧木苗。

## 第三节　砧木的繁育

### 一、种子繁育法

用种子繁育砧木苗成本低，繁殖数量大，根系旺盛粗壮，是生产中应用最多的方法。种子繁育法分为大田育苗法和容器育苗法良种。

### (一)大田育苗法

1. 种子的选择

用于繁育砧木苗的种子必须从生长健壮、丰产、无病虫害的优良母株上采集充分成熟的果实。采收后的果实要立即浸入水中搓洗,并要保证搓净果肉,以防储藏期间发霉。

除净果肉后将沉入水底的种子取出置于阴凉处将种皮稍微晾干后与 3～5 倍的湿沙混合均匀(沙的湿度为手握成团,但不滴水,一触即散),然后在室内选择通风、阴凉、高燥处挖深 30～40 厘米,宽 50 厘米的沟(长度由种量而定),沟底铺 5～10 厘米的湿沙,放入种子,上面再盖 10 厘米湿沙,最后用土覆盖并高出地面,防止雨、雪水流入沟内。

如果种子量较少,也可先将种子和沙混合后,放入容器内再放入沟内储藏。

种子储藏期间要定期检查,防止过干、过湿及鼠害等。

2. 播种

第二年春季当部分种子破壳“露白”时,即可筛除沙子进行播种。

(1)播种量。中国樱桃和山樱桃种芽顶土能力弱,一般每亩用种量中国樱桃为 10～12.5 千克,山樱桃为 8～10 千克,马哈利樱桃为 5～9 千克。

(2)播种方法。播种时按 30～40 厘米的行距开沟,沟深 1.5～2 厘米(种子比较小,顶土能力弱,不能深播)。若土壤墒情不好，开沟后先打底水再播种。播入种子后，每亩用50%多菌灵或禾枯灵1.5～2千克，用干细土拌和均匀后撒在种子上，防治立枯病。然后覆盖1厘米厚细土，再覆一层麦草或地膜，以防水分过度蒸发。

3. 播后管理

(1)幼苗出土后，要及时除去麦草或地膜。

(2)当幼苗长出3～4片真叶时，及时间苗，保持株距10～15厘米。

(3)嫩茎木质化后，要追施氮、磷、钾等速效性肥料，如每亩追施尿素5千克、磷酸二铵5千克，共追2次。每次追肥后及时灌水。

7月上中旬以后适当控制肥水，并进行叶面喷施0.3%～0.5%磷酸二氢钾溶液，促使幼苗粗壮，便于嫁接和增强其越冬能力。

8月下旬至9月上旬，若苗木粗度达0.4厘米以上时可进行芽接。冬季最低温在－18℃以下的寒冷地区，可于第二年春季嫁接。

### (二)容器育苗法

容器育苗是一种较为先进的果树育苗技术，所育苗木与大田育苗相比，具有节省土地、苗木生长快而整齐、嫁接容易、移栽成活率高、早果、丰产等许多优点，是近年果树苗木培育的重要方法之一。

1.容器育苗的整地

(1)容器育苗在做床前应充分耕耙圃地，做到土碎、地面平整。

(2)在平整的圃地上，划分苗床与人行道，床高10厘米，床宽100～120厘米，长度依地势而定，人行道宽40厘米，四周开排水沟。若利用温室大棚培育容器苗，可在其内做普通苗床或高架苗床。

2.容器准备

育苗容器种类很多，可归纳为两大类。一类是容器与苗木一起栽入土中，容器在土中被水、植物根系所分散或被微生物所分解，如泥炭容器、黏土营养杯、蜂窝式纸杯和细毡纸营养杯等；另一类是移苗时将苗木从容器中取出，然后栽植，如塑料容器和育苗袋等。容器规格多采用高度25～30厘米、直径18～22厘米的塑料容器或育苗袋。

3.容器育苗营养土的配置

晒干的塘泥20%，园土(打碎)40%，腐殖土10%。草木灰10%，锯木屑10%，河沙10%。每立方米土中拌入菜籽饼粉20千克、过磷酸钙5千克、硫酸钾2.5千克、硫酸亚铁1千克、多菌灵0.5千克，干拌均匀后用沼气肥或猪粪尿拌湿做堆，外用湿泥封好，或塑料薄膜封盖，发酵30天后便可使用。

4.装填营养土和摆放容器

装填之前要将营养土淋湿，以手捏成团、摊开即散为度。

无论采用何种材质的容器，装填时必须将营养土装实，以装平容器口为宜。

将装好基质的容器整齐摆放在苗床上，容器上口要平整一致，苗床周围用土培好，容器间空隙用细土填实。

5. 播种期和播种量

春季当部分种子破壳"露白"时，即可进行播种。播种时在每个容器中央防治1～2粒种子即可（做到不重播，不漏播）。

播后及时覆土，厚度为种子横径的1～3倍。覆土后，随即浇水。覆土后至出苗要保持营养土湿润。低温干旱地区，宜用塑料薄膜覆盖床面。

6. 播后管理

(1)留苗。幼苗出齐1周后，间除过多的幼苗，对缺株容器要及时补苗，补苗和间苗后要随即浇水。

(2)浇水。在出苗期和幼苗生长初期要多次适量勤浇水，保持苗床和营养土湿润；速生期浇水应量多次少，在苗床和营养土达到一定的干燥程度后再浇水；生长后期要控制浇水。

(3)追肥。由于容器中装的营养土远比苗圃中的土壤少，其所含的养分远不能满足苗木生长的需要，所以必须在整个育苗过程中，对苗木经常施肥来补足肥料短缺。

追肥应根据苗木各个发育时期的要求，结合浇水进行，前期用高氮肥，中期用平衡肥，后期用高磷、钾肥。若施化肥须配制成0.2%～0.5%的水溶液才能施用，前期施肥浓度要稀，后期浓度稍浓，严禁干施。

(4)添加营养土。苗期发现容器内营养土下沉，须及时添加营养土，防治根部裸露。

(5)遮阳。一般出苗初期和夏季高温期间需对苗木用遮阳网进行遮阳，遮阳透光率为全光照的50%～60%。

(6)除草。要掌握“除早、除小、除全”的原则，采用人工拔草，做到容器内、床面和人行道上无杂草。

(7)病虫害防治。做好容器苗的病虫害防治，具体防治方法见本章第四节。

## 二、扦插繁育法

草樱桃、青肤樱和毛樱桃等萌芽、生根能力强的品种常采用此法培育砧苗。扦插繁育法分为硬枝扦插和绿枝扦插两种方法。

### (一)硬枝扦插

(1)春季采集母株外围的1～2年生发育枝，粗度为0.5～1厘米、长约15厘米，上端剪平，基部剪成马耳形。一般每亩用量为2万株。

(2)扦插前用100毫克/升的吲哚丁酸(生根剂)处理插条基部2小时或150毫克/升的吲哚丁酸处理1小时，

(3)扦插前先做好苗床，然后覆盖一层地膜，再按行距30厘米、株距10厘米，将插条插入地膜内(注意倾斜方向一致)。

入土部分占插条的 1/2～2/3，顶端留 1～2 个芽露出地面，然后在插条部位浇足水。

(4)扦插后 10～15 天，当芽萌动时，再浇足水，以后则根据土壤墒情适时浇水。

(5)新梢长到 20 厘米左右时，每亩随浇水淋施 5～7 千克尿素。

(6)雨季来临之前要及时沿苗行起垄培土，培土厚度以埋住新梢基部为宜，以促进扦插苗分枝生根。同时注意排涝和病虫害防治。

(7)入夏以后扦插苗加粗生长增强时，再追一次速效氮、速效磷肥料，可促进生长。

(8)扦插苗分蘖力强，对丛生分蘖应及时疏除。

提示：硬枝扦插一般到秋季时都可以达到嫁接粗度或出圃标准。

## (二)绿枝扦插

(1)在 6～7 月，选择半木质化、粗度在 0.3 厘米以上的当年生枝条，剪成长 5 厘米左右的枝段作为插穗，摘除其下部叶片，保留上部 1～2 片叶，随采随插。

(2)扦插基质采用消毒的河沙、蛭石、珍珠岩等铺在苗床内，厚度为 20 厘米左右。扦插时，将插条基部剪成斜面，蘸 100 毫克/升的吲哚丁酸，呈 60°斜插入基质中，深度为插穗长度的 2/3。

(3)扦插后采用拱棚或遮阳网以保持空气相对湿度在90%以上,经常喷水并且每周喷一次杀菌剂。

(4)生根后,逐渐降低空气湿度,增加光照和通风量。

(5)其他管理同硬枝扦插法。

注意:绿枝扦插繁殖的砧木苗当年不能嫁接,到第二年春、夏季才能嫁接。易发生冻害的地区冬季需做防寒保护。

### 三、分株繁育法

草樱桃的根颈周围易产生根生苗,生产中常通过分株繁殖。其作为大樱桃的砧木利用,一般在春、夏季将根系周围长出的根蘖苗,培上30厘米左右厚的土,使其生根,秋后或第二年春季发芽前把生根的萌蘖从植株上分离,集中定植或栽到苗圃地培养,以供嫁接利用。

## 第四节　苗木的繁育

无论采用何种育苗方式,当苗木粗度达0.4厘米以上时即可进行嫁接。

### 一、嫁接

#### (一)嫁接时期

在北方地区,"T"形芽接的适时时间,分为前期和后期。

前期在6月上中旬的15～20天内;后期在7月中旬末至8月,有时可延续至9月中旬,为期50天左右。嫁接过早(5月),接穗幼嫩,皮层薄,接芽发育不充实。嫁接过晚(9月中旬以后),枝条多以停止生长,接芽不易剥离。7月上中旬正值“伏雨”季节,接后易胶,接口难愈合。

## (二)接穗选择

不同时间嫁接,要有区别地选择接穗和接芽。前期(6月上中旬)嫁接时,要选用当年抽发的健壮枝条中部的5～6个饱满芽作为接芽。后期(7～8月)嫁接时,当年抽发的健壮接穗上,除基部芽和秋梢芽外,均可用作接芽。9月嫁接,则要从树冠内膛的徒长枝上,选取饱满芽作为接芽。

近距离嫁接时,接穗应放在装有3～5厘米深水的水桶中;远途携带时用湿布袋包装,内填湿锯末或湿纸屑。需要外运的接穗每50～100条捆一束,并挂上标签,注明品种,用湿麻袋片、蒲包装好,尽量缩短运输时间;运输途中要注意喷水和通风,以防接穗干枯或发热霉烂;到达目的地要立即取出,用湿布覆盖存放于背阴初备用。

甜樱桃苗砧木嫁接多采用“T”形芽接法、板片芽接法和木质芽接法。

### 1.“T”形芽接

嫁接时,在接穗芽的上方0.5厘米处横切一刀,再从芽的下方1.5厘米处,由浅入深向上削入木质部至上切口处,轻轻往上一翘，然后用手捏住芽片一侧即取下2厘米大小的盾形芽片。再在砧木距地面5～10厘米处选平滑部分切成“T”形接口，深达木质部，长度以刚好容纳住芽块为度。将削好芽块插入砧苗接口，使大樱桃苗芽与接口紧密吻合，然后用塑料薄膜条自上而下将切口全部捆严，仅露出腋芽和叶柄即可。

2.板片芽接

这种方法全年均可使用，接穗宜采集一年生枝，选用饱满芽作为接芽。

嫁接时，在砧木基部距地面10厘米左右处，选择光滑的部位，沿垂直方向，轻轻削成长2.5厘米左右、深2毫米左右的长方形削面。切削接芽时，在接芽以下1.5厘米、厚2毫米左右的长方形芽片。然后，将芽片紧紧贴在砧木的削面上，用塑料薄膜带自上而下包严绑紧即可。

3.木质芽接

这种方法嫁接从春分到秋分都可以进行。嫁接时在砧木距地5～8厘米处选一光滑面，由下向上轻削一刀，切口长2.5～3厘米、深2～3毫米。用向下削的方法（与削砧木相反）削接穗，取下接芽，接芽要比砧木的切口略小。然后把接芽贴在砧木上，尽可能使接芽与砧木的形成一侧对齐，用薄膜自上而下扎严、扎紧，使之不透水、不漏气。

注意：砧木与接穗粗度相同时，贴合时要保证两侧都对齐。

中国樱桃苗嫁接目前多采用砧木根的单芽腹接法。草樱桃通过硬枝扦插，12 月落叶后，挖取其根作为砧木。选择 0.8～1 厘米粗度的根，贮藏于 5 厘米的泥土下面。嫁接时把根按 10 厘米的长度截取，并在中间破开，深度 4 厘米左右。选择粗度 3～5 厘米，长度 5 厘米有一芽接穗，然后在接穗的底部两边各削一刀，然后把接穗插入已破开的砧木里，芽要露出砧木，用薄膜自上而下扎严、扎紧，使之不透水、不漏气。然后把嫁接好的苗种入苗床，种入地里的接苗的高度大约 6 厘米，接穗上的芽露出泥面。

注意：砧木的破面、接穗的刀面要光滑，时间要求在 1 月底前完成接苗的种植工作。

## 二、嫁接后的管理

嫁接后的管理工作非常重要，是确保嫁接成活并能正常生长结果的重要一环。如果管理不及时，会导致前功尽弃。

1. 成活检查

嫁接后 10～15 天应检查成活情况，接芽表皮新鲜、叶柄一触即掉的表明已成活，叶柄褐枯不掉的说明没成活，应及时补接。

2. 剪砧

春季芽接时，待接芽萌发新梢至 3～4 厘米时剪砧，剪口和接芽距 2 厘米。夏季芽接后要立即剪砧，一般要在接芽上部保留10厘米砧木，目的是让这些叶片制造养分，有利于接芽的愈合，但剪砧可以刺激接芽的萌发，所以接后15天，嫁接成活后即把接芽上的砧木剪去，保持接芽的顶端优势。

秋季芽接，接后不剪砧，目的是不让芽萌发，因为如果接芽萌发，生长时期很短，新梢很幼嫩，不能安全越冬，要到第二年春季芽萌发前剪砧。

3. 除萌蘖

嫁接之后，一般砧木都会长出许多萌蘖，为了保证嫁接成活后新梢迅速生长，不使萌蘖消耗大量养分，应该及时把萌蘖除去。

注意：大樱桃和其他果树不同之处是嫁接新梢生长后萌蘖还不断生长，所以除萌蘖尤为重要和困难，必须连续多次进行。

4. 解捆绑

成活的接芽一般经25天左右即可解除绑条，也可用刀片将塑料条轻轻地割断，以免影响接芽萌发。

5. 摘心

生长旺盛的嫁接苗，为了使其提早成形，可以在圃内整形，当苗高40厘米时进行摘心，促进摘口下萌发新梢，形成分枝，培养成自然开心形。如果培养主干改良形，摘心要晚一些，在苗高60厘米时摘心。夏季嫁接当年成苗，因生长期短不要摘心。

6. 肥水管理

为了促进苗木生长，要加强肥水管理，春季结合灌水要进行追肥。第一次在6月下旬，主要追氮素肥料，每亩施尿素10千克，或碳酸氢铵20千克(也可用硫酸铵10～15千克)，溶化在水中再施入。第二次7月中旬以磷、钾肥为主，施过磷酸钙15千克及硫酸钾10千克，同时叶面喷肥，可以喷0.3%的磷酸二氢钾，促进苗木生长充实。田间要及时除去杂草，灌水后要松土保墒。

为提高苗木的越冬抗寒能力，防止抽干，后期要适当控水、控肥，以免苗木贪青徒长，组织不充实。

注意：嫁接后不要灌水过早，若干旱必须灌水时可在1周后灌水，注意水不要漫到接口，以免引起流胶影响成活。

7. 病虫害防治

苗木生长期间，要搞好病虫害防治。萌发后，要严防小灰象甲，可人工捕捉，也可用80%晶体敌百虫做成毒饵诱杀。

6～7月可选用505杀螟硫磷乳油1 000倍液或2.5%溴氰菊酯乳油2 500倍液防治梨小食心虫危害。

7～8月喷1～2次65%代森锌可湿性粉剂500倍液，或40%多锰锌600～800倍液，或硫酸锌石灰液(硫酸锌1份、消石灰4份、水240份，并充分混合)，可预防细菌性穿孔病，防止早期落叶。针对卷叶蛾、刺蛾等害虫，可喷25%灭幼脲3号2 000倍液或50%敌敌畏乳油1 000～1 500倍液防治。

# 第五节　苗木出圃

## 一、嫁接苗质量评价

苗木质量的优劣评价主要包括以下几个方面。

(1)苗干粗壮、通直匀称。实践证明,茎干粗壮的苗木生活力旺盛,对环境的适应力和再生能力强,移栽或定植后成活率高。

(2)苗干高,充分木质化,无徒长现象,枝叶繁茂色泽正常。经过圃内整形的苗木已初具所要求的整形特点。

(3)根系发达,主根短而直,侧根和须根多而分布均匀。这样的苗木能适应复杂的环境,栽植后成活率高,缓苗快,生长旺盛。

(4)茎根比值小,重量大。一般来说,苗木地上部分的鲜重与根系鲜重比重大,苗木的根系小,起苗时还可能有损失,很容易使地上部分与地下部分比例失调,栽植后成活率低,苗木生长弱。反之,茎根比值小,苗根发达,有利于成活和幼树生长。

(5)无病虫危害和机械损伤。

## 二、起苗

嫁接苗经检查后已达到壮苗标准的,可用于定植建园的樱桃苗木，即可起苗出圃。因容器苗木起苗出圃较容易，因此，这里重点介绍大田育苗的起苗。

1.起苗的季节

大田育苗一般在落叶后大地封冻前或春季解冻后起苗，具体的起苗时间还应根据樱桃栽植建园的时间酌情确定。一些地区宜在秋季建园，故应在落叶后起苗，最好随起随栽，以便霜前能使根系创伤恢复，来年春季提前萌动。有些地区须在春季栽植，则应在早春苗木尚未萌动时起苗，抓紧栽植，以免由于春季时间短，气温回升较快，芽苞萌动，来不及栽植或降低成活率。

2.起苗的方法

大田育苗起苗时可用锨或锄自苗床或苗垄一端挖掘，将苗起出，然后顺苗床或苗垄向前挖掘起出所有的苗木。起苗时应先将苗周围的土刨松，找出主要根系，按要求的长度切断苗根，起出苗木。起出的苗要集中放在背阴处或用湿物覆盖遮阳，以免苗木失水和苗根干枯。起苗时，如果圃地干旱，应预先适当灌水，使土壤潮润、疏松，这样既省力，又不伤根。还应特别注意掘苗时不要生拉硬劈，以免根、干、枝受伤。尽量不在大风、干燥、霜冻或雨天起苗。

3.苗木分级

苗木出圃后，无论是大田育苗还是容器育苗都要按苗木生长情况将苗木分级，选出一二级苗，并将病虫危害、机械损伤和无培养价值的苗木剔除。

4. 修剪

分级后可对大田育苗的苗木进行适当的修剪处理，剪除过长、劈裂受伤的根系，剪除部分枝叶，以减少水分蒸发。

5. 打捆

为便于统计苗木数量，分级时还可将大田育苗的苗木按每 50 株或 100 株捆成一捆，分级统计数量，最后汇总各级苗木株数及总产苗量。为避免错乱，苗木分级打捆后，应随即在捆上挂以标签，注明树种、苗龄、总数、捆数、每捆株数、起苗时间等内容，以便调运、贮藏、栽植时核对。

注意：容器育苗的要带容器出圃，不同的品种计数后要分别做好标记。

## 三、苗木的包装与运输

1. 苗木的包装

苗木包装的目的是防止苗木失水干燥、机械损伤、降低苗木质量及便于搬动和运输。

对大田育苗的樱桃苗木进行包装时，可根据运输距离和时间的长短及苗木大小，采取不同的包装方法。如短途运输，时间较短（不超过 1 天），可用筐、篓或车辆散装运输，筐、篓和车厢内垫些湿草即可。苗木摆放时使苗根相对，并用湿物间隔分层放置。如果运输路途较长，时间超过 1 天，必须将苗木用草包或蒲包包装，以便使苗木较长时间保持湿润。

容器育苗的大樱桃苗木可不用包装，直接带容器运输。

2. 苗木的运输

包装好的苗木要尽快运到栽植地。运抵目的地后，应尽快组织栽植。

3. 假植

秋季起出的苗木，若当年秋季不能定植或当年秋季购来的苗木准备第二年春季定植时，必须在土壤冻结前进行假植。

假植地点可在背风向阳处挖一条假植沟，沟宽 1～1.5 米，深 0.6～1.5 米，长度随苗木数量而定。假植时将苗木单株摆开斜放在沟内，一层苗木培一层湿土，根间需要培些湿土，防止抽干树体。第二年春季定植时，再分层挖出。

# 第六章　樱桃栽培技术

## 第一节　中国樱桃的栽培技术

### 一、苗木选择

选择一年生的健壮的一级或二级苗木定植。壮苗标准：品种纯正，无杂苗、病虫害。根系粗壮且须根多。苗木嫁接口愈合良好，芽眼饱满，且有 4 个以上的健壮芽。一级苗要求苗高 1 米以上，且嫁接口以上 1 厘米处的苗木粗度 1 厘米以上；二级苗要求苗高 0.8～1 米以上，且嫁接口以上 1 厘米处的苗木粗度 0.8～1 厘米。

### 二、建园与栽植

#### (一)建园

1. 园地选择

(1)气候。选择年平均温度为 16～22℃，绝对最低温度

≥－7℃，1 月平均温度≥4℃，≥10℃年有效积温在 5 000℃以上。

(2)土壤。土壤质地良好，疏松，肥沃，有机质含量在1.0%以上，土层深厚、活土层在 60 厘米以上。

(3)地形地貌。山地、丘陵。中国短柄樱桃属于浅根系，主根不明显，易被大风掀倒，因此园地应选在避风或者设置防风林挡风。选择背风向阳，海拔 100 米以下，坡度最好在 20°以下，最大不应超过 25°，地势为山坳谷地或西北向有山屏障的丘陵坡地。

樱桃的园地宜选择地势高、不易积水、地下水位较低的地块，一般雨季地下水位不超过 80 厘米。平原地最好在村庄的南面或北端有防护林；山坡地选择背风向阳的浅谷地。这两种地块既能防止风害，又能使樱桃在春季得到充足的光照和较多的热量，有利于果实早熟。

(4)土壤、空气与水质。土壤、空气与水质等环境质量条件应符合无公害樱桃生产的要求。

2. 园地规划

(1)小区设置。小区是果园经营管理的最基本单位，小区的划分应根据地形、地势、土壤条件、果园规模等划分为不同或相同面积的作业小区。平原地建园，小区面积应大一些，一般 100 亩左右。小区一般为长方形，南北向延伸，以利于果园获得较均匀的光照。山岭丘地果园小区面积应小一些，根据地形水平设置，长边与等高线平行，以利于水土保持。园区的划分主要遵循以下原则：同一小区内的土壤条件基本一致，以保证同一小区内管理技术一致，从而提高生产效率，达到理想的生产管理效果；有利于果园运输和机械化作业；有利于水土保持工程、施工以及排灌系统的规划；有利于喷药、施肥。

（2）道路设置。道路的多少取决于果园规模和小区的数量，一般由主路、干路和支路组成，主路要求位置适中，贯穿全园，宽6～7米。小区之间设支路，一般宽2～4米。面积较大的果园在主路和支路之间应设干路，便于小型汽车和农机具通过。道路设置应与防风林、水渠等相结合，尽量少占果园，一般占果园面积的3%～5%为宜。山地果园的道路建设应随地形而异，一般主路可环山而上，呈“之”字形。

（3）排灌设置。与其他果树相比，樱桃园要求排水系统必须完备，并随时维护，确保畅通。否则，雨季高温时，树盘积水12小时以上就会引起死树。果园的排水系统分为明渠排水和暗渠排水。明渠多沿小区边界设置，山岭丘地果园应设蓄水设施，排水沟应在梯田内侧。集约化经营的果园必须采用滴灌、渗灌等现代化灌溉方式，不仅可大幅度节水，还可以为樱桃创造一个适宜的土壤环境，以保证树体良好的生长发育。在山坡地或经济条件较落后的地区，可采用沟灌或树盘灌水的方法。灌水系统包括干渠、支渠和输水沟。干渠应设在果园高处，支渠多沿小区边界设置，再沿输水沟将水引入树盘内。

(4)其他设置。主要包括管理用房、库房、变压器、电网等设置。按照樱桃园实际,以方便管理为原则合理设置。

3. 园地整理

园地整理一般分为平整土地、放线定点、道路和排灌渠修建、改土筑墩等。

山坡地栽培应修筑梯田,梯面宽度一般 4～5 米,不少于 3 米。东南沿海常有台风或大风袭击,易造成水害、风害、种植宜采用筑墩栽培。

**(二)栽植**

(1)栽植时间和密度。“中国樱桃”我国南方各地在秋季落叶至次年春季萌芽前均可定植,但以当年 12 月至次年 2 月为好。栽植密度应根据园地的立地条件(包括气候、土壤和地势等)、整形修剪方法而定,株行距为(2～4)米×4 米,亩栽 42～82 株。

(2)定植方法及要求。“中国樱桃”在大田种植时要采用以降低地下水位为目的的筑畦垄栽方式,畦宽 3～4 米,垄穴大小 0.5 米见方,深 0.5 米,定植前每穴施厩肥 100 千克,钙镁磷肥 0.25 千克,并覆熟土 3～4 厘米,然后将幼苗植入穴内。定植时四周挖深度大于 0.5 米的排水沟,形成通畅的排水系统,杜绝涝害发生。定植前,并对苗木根系消毒,通常先用 10%硫酸铜液浸 5 秒,再放到 2%石灰液浸 2 分钟进行消毒。定植时，将根系舒展开，苗扶正，边填土边轻轻向上促苗、踏实，使根系与土充分密接，栽植深度以根颈部与地面相平为宜。定植后宜立即浇定根水，待水渗下后再覆土。

(3)及时定干。栽后在距离嫁接口 50 厘米以上部分剪去。及时覆盖地膜。

## 三、土、肥、水管理

### (一)施肥

一般分基肥和追肥两类。3 年生以内为幼树扩冠期，以施速效氮肥为主，适量辅之磷肥，促进树冠早日形成；4～6 年生为初果期，应施有机肥和复合肥，做到控氮、增磷、补钾，抓好秋施基肥和花前追肥；7 年以上为盛果树，除秋施基肥和花前追肥外，要注重采后追肥。

(1)基肥。于每年 9 月下旬至 10 月中下旬尚未自然落叶前施入，以有机肥为主，可适量加入钙镁磷肥，占全年施肥量 50％～70％。一般每亩应施饼肥 25 千克加栏肥 800～1 000 千克，以复壮树势，增加植株体内贮藏养分含量。

(2)追肥。追肥应视树势而定，一般幼龄果树和初果树因为树势较强而不施追肥，成龄果树一般一年施 4 次追肥。萌芽开花前追施少量速效性氮肥或复合肥作为催花肥；初花期至盛花期间隔 10 天一次，喷两次 0.3％尿素加 0.2％硼砂液，或 600 倍磷酸二氢钾液加 0.2%硼砂液，或 0.2%硼砂液，或复合肥，以助于提高着果率；在进入果实发育期追施速效性化肥一次，采用尿素加磷酸二氢钾稀释 200 倍叶面喷洒；采果后施肥主要是补充养分、恢复树势，促进花芽分化，提高翌年产量，以每亩施尿素 15 千克和三元复合肥 20 千克，补偿采后和矮化修剪的营养消耗。

### (二)水分管理

(1)灌水。根据樱桃树生长发育需水的特点，一般进行 3 次浇水。花前水在樱桃发芽后开花前进行，硬核期灌水量要大，以浸透土壤 50 厘米为宜，采前水在采前 10～15 天进行，这个时期灌水应采取少量多次的原则。

(2)排水。在雨季来临之前要及时疏通排水沟，并在果园内修好排水系统，使果园内雨水能迅速排除，避免积涝，防止雨季烂根。

## 四、整形修剪

中国樱桃的树型主要采用多主枝开心形，干高 40～50 厘米，选留 4～5 个主枝，主枝分枝角度 40°～70°，每个主枝上配置 2～3 个侧枝，呈顺向外排列，侧枝开张角度约 70°。幼树的生长旺盛，应重视夏季的枝干培养，尽快扩大树冠，培养牢固的骨架。对骨干枝、延长枝适度短截，对非骨干枝轻剪长放，提早结果,逐渐培养各类结果枝组。摘心是“中国樱桃”整形的一个重要环节,一般在5～7月间进行,对生长旺的幼龄树宜连续摘心2～3次,以控制旺长,促发分枝,加速扩大树冠成形,促进花芽分化,提早成花结果。但对盛果期的“中国樱桃”,前期修剪宜采用保持生长平衡,培养各类结果枝组,中后期宜回缩更新,培养新的枝组,防止早衰和结果部位外移。应重视夏季修剪,以保持结果枝的不断更新。“短柄樱桃”的隐芽寿命5～10年,为了回缩更新,回缩处最好有生长较正常的小分枝,这对树体损伤较小;回缩修剪后发出的徒长枝,选择方向、位置与长势适当,向外开展的枝来培养新主枝与侧枝,疏删过多的因短截留下的徒长枝,促发形成结果枝组。大枝更新时,亦应在落叶后进行,以免引起伤口流胶。

为控制树冠高度和早期投产,定干高度以50厘米为宜,树冠高度控制在2.5～3米内。根据当年枝形成结果枝,已结果枝次年不会结果的特点,“中国樱桃”矮化修剪主要是4～8月的春、夏季修剪,采用边采收边修剪,或者采后立即修剪的方式塑造成低矮的自然开心形,或改造成“Y”形。“中国樱桃”发枝力不强,幼树宜轻剪,大树可重剪。幼树发育枝较多,宜采用拉大基枝角度的方法;大树主要采用疏剪去除过密过强、扰乱树冠的多年生大枝,进行树冠结构调整,促进花芽形成。

## 五、花果管理

### (一)控梢促花

应用15%多效唑可湿性粉剂对“中国樱桃”的控梢促花作用明显。常用的有土施和喷施两种方式。喷施时期:春梢10～15厘米时喷第一次,再间隔20天喷一次,夏、秋梢各喷一次,喷施浓度200～600毫克/千克,具体应根据树势和树龄而定。土施时期:3月上中旬或翌年8～9月,在树冠外围延长枝垂直的地面上开环状沟浇灌方式。用量根据树势确定,一般树势旺长势强的4～5年生树,株施15%多效唑2克对水后浇灌。但如果多效唑施用不当,会造成新梢停长,叶长皱缩扭曲,花质差,果小且品质劣,易落果等不良症状。使用时应注意:一是使用对象主要是针对不结果的幼旺树,特别是栽植过密而尚未结果的幼旺树;二是使用量要严格掌握,切勿过量,以防幼树未老先衰或引起药害;三是使用方法宜采用喷施为好,以防土施多效唑后抑制生长过度,药效时期过长。

### (二)疏花疏果

一是疏花。中国樱桃花量多,结合花前花期的复剪,疏去枝冠膛内细弱枝及多年生花束状结果枝上的瘦小花芽疏除,花芽膨大后至露蕾前,每个花束状果枝保留3～4个花芽;花朵露出后,疏除花序中瘦小的花朵,每个花序保留2～3朵花。二是疏果。通常在生理落果后的果实硬核后疏除小果和畸形果，每个短果枝留3～4个果，保留横生与向上生的大果。通过疏花疏果措施，疏去过多的花蕾和过量的幼果及畸形果实，减少养分消耗。

## 六、病虫害防治技术

防治原则：预防为主，综合防治的方针。以加强栽培管理提高树体本身抗性为基础，合理利用物理防治和生物防治，适当结合化学药剂防治。冬季修剪时，剪除并烧毁病虫枝并及时喷布5波美度石硫合剂一次，在早春芽萌动时再喷一次5波美度石硫合剂，能较好地预防病虫害的发生。

### （一）病害

中国樱桃的主要病害有根癌病、细菌性穿孔病、叶斑病、流胶病、灰霉病。

1. 根癌病

根癌病是由细菌侵染所引起的病害，在根颈部或侧根上形成肿瘤。病害处形成灰白色的瘤状物，内部组织特软，表面粗糙，随瘤体不断增大，表面逐渐由白色变为褐色，表层细胞枯死，内部木质化，形状多为球形或扁球形，使根系发育不良，地上生长变弱，缩短树龄。

防治方法：①选购种植无病苗木，用生物抗菌剂根癌宁(K84)或3～5波美度石硫合剂浸根消毒。②加强肥水管理，促使根系健壮生长，避免在根颈部造成伤口。对已出现的伤口及时消毒保护。③发现病瘤应彻底切除并销毁，用1%硫酸铜液或50倍液的抗菌剂402、5波美度石硫合剂切口消毒，外涂凡士林保护。

2. 细菌性穿孔病

危害叶片、新梢和果实。5月上旬被侵染叶片分布有坏死的红褐色斑，随后扩大到直径4～5毫米，中心部分变为浅褐色。合并的病痕形成大的死亡区域，引起早期落叶。

防治方法：①加强栽培管理，增强树势，提高树体的抗病能力。结合剪枝，彻底剪除病枯枝，清除落叶、落果，以消灭越冬病原。②发芽前喷4～5波美度石硫合剂，或1∶1∶(100～200)倍波尔多液、45%石硫合剂晶体10倍液。落花后喷70%代森锰锌可湿性粉剂500倍液或70%甲基托布津可湿性粉剂1 000倍液。

3. 叶斑病

主要危害叶片，也危害叶柄和果实。叶片受害后产生褐色不规则坏死斑，叶背面产生粉色霉点，造成落叶和落果，严重影响树体的发育和产量。

防治方法：①叶斑病在落叶上越冬，因此，防治的关键在于扫除落叶并烧毁，或秋末进行深翻，以消灭菌源。②落花后，喷布1∶2∶260倍波尔多液1次，15天后再喷1次。也可用0.2～0.3波美度石硫合剂或45%的石硫合剂晶体20～30倍液喷布。

4. 流胶病

流胶病是核果类果树普遍发生并危害较重的一种枝干病害。其发生机理不十分清楚，一般认为是由于虫害、机械损伤、冻害、日灼等引起伤口，生长期修剪过重，接穗亲和不好，管理不当等使树体衰弱因素引起的。

防治方法：①加强综合管理，抓好病虫害防治，避免机械损伤、冻害和日灼等造成伤口。②改良土壤，增施有机肥，合理修剪和控制适宜的负载量等，以增强树势，提高抗性。

5. 灰霉病

该病主要为害幼果、叶片及成熟果实，初侵染时病部水渍状，果实变褐色，后在病部表面密生灰色霉层，果实软腐，最后病果干缩脱落，并在表面形成黑色小菌核。

防治方法：①及时清除树上和地面的病果，集中深埋或烧毁。②落花后及时喷布 70％代森锰锌 600 倍液，或 50％多菌灵 1 000 倍液，或 50％腐霉利可湿性粉剂 2 000 倍液，或 50％异菌脲可湿性粉剂 1 000～1 500 倍液，或 65％抗霉威可湿性粉剂 1 000～1 500 倍液。为防止产生抗药性提高防效，提倡药剂轮替或复配使用。

**（二）主要虫害**

危害樱桃树的主要虫害有草履蚧、梨小食心虫、山楂红蜘蛛、桑白蚧。

1. 草履蚧

雌虫体长约10毫米，扁平椭圆形，似草鞋状，浅紫灰色，被有白色蜡粉；卵椭圆形，初时黄白色，渐呈赤褐色，光滑；若虫与雌虫相似，仅体小，暗紫灰色。

防治方法：①秋、冬季结合翻树盘、施肥等，铲除树下土壤中、杂草等处的若虫及卵，集中烧毁。②若虫开始上树之前，在树干高65厘米处刮去一圈老粗皮，涂上宽约10厘米的黏虫胶，阻杀上树的成虫和若虫。③发芽前喷布3波美度石硫合剂或5%柴油乳剂；发芽后喷布80%敌敌畏乳油1 500倍液或马拉松乳油1 000倍液。

2. 梨小食心虫

梨小食心虫又称桃折梢虫、梨小蝇果蛾，主要以幼虫危害果实和新梢。成虫身体灰褐色，无光泽；卵扁椭圆形，中央稍隆起，黄白色，半透明，有光泽；老熟幼虫黄白色或粉红色，头部黄褐色。

防治方法：①因梨小食心虫是多寄主害虫，有转移危害的习性，新建果园应尽量避免与其他果树混栽，已混栽的果树对其主要寄主应加强防治。②消灭越冬害虫。对越冬幼虫脱果前予以诱杀；春发芽前刮除粗、老翘皮，并集中烧毁；5～6月及时剪除被害新梢。③适时用药。一般在卵叶率1%～2%时喷药，常用药剂有20%甲氢菊酯乳油2 000～3 000倍液，10%天王星乳油6 000倍液。

3. 山楂红蜘蛛

体长约 0.4 毫米，朱红色，有丝绢光泽，卵圆形。主要危害叶片，被害叶片初期呈现灰白色失绿小白点，随后扩大以至全叶片呈灰褐色，终而焦枯脱落，对当年产量和花芽形成及翌年产量都有很大影响。

防治方法：①发芽前，结合防治其他害虫彻底刮除主干及主枝上的粗皮和翘皮，集中烧毁，以消灭越冬雌虫。②出蛰盛期喷布 0.3～0.5 波美度石硫合剂或 73％克螨特乳油 2 000 倍液。

4. 桑白蚧

桑白蚧又名桃介壳虫。以雌虫和若虫群集固着在枝干上吸食养分，严重时密集重叠，使枝干表面凹凸不平，导致树势衰弱，枯枝增加，甚至全株死亡。

防治方法：①因介壳虫较为松弛，可用硬毛刷或细钢丝刷刷除寄生在枝干上的虫体。结合整形修剪剪除被害严重的枝果。②用 0.2％有黏土柴油乳剂混合 80％敌敌畏乳剂、50％混灭威乳剂或马拉硫磷乳剂 1 000 倍液，在初卵若虫分散爬行期喷布。

## 第二节　甜樱桃(大樱桃)的栽培技术

甜樱桃发展时要考虑市场的需要，一般需具备以下一些优良性状:早熟,果实浓红色,艳丽,果实大,肉质硬,味甜少酸,风味好,早期丰产,抗裂果,耐低温,宜运输,鲜食加工兼用等。事实上任何品种都不可能十全十美。例如肉质硬度大的品种,贮藏性能好,但往往容易裂果;色泽鲜红,商品价值高,但鸟害严重;果实大的品种受市场欢迎,但容易碰压损伤。因此,在选用品种时要抓住主要性状,同时要从多方面考虑。

## 一、建园

### (一)品种选择和配置

当前,我国生产中栽培的大樱桃品种,只有拉宾斯、斯坦勒等少数品种有自花结实能力,其他绝大多数均为自花不实或结实力很低的品种,需要配置授粉品种。即使是自花结实品种配置授粉树也能提高结实率,现将几个主栽品种的适宜授粉品种列入表 6-1,供参考。

**表 6-1　大樱桃适宜的授粉树**

| 主栽品种 | 适宜授粉树 |
|---|---|
| 那翁 | 大紫、水晶、巨红、滨库、雷尼 |
| 大紫 | 水晶、那翁、滨库、芝罘红、红丰、巨红、黄玉、红灯 |
| 滨库 | 大紫、养老、水晶、巨红、红灯、斯坦勒、雷尼、先锋 |
| 雷尼 | 那翁、滨库、巨红、红蜜 |
| 佳红 | 巨红、先锋、雷尼 |
| 美早 | 先锋、红灯、红艳、拉宾斯、沙蜜脱 |

续表 6-1

| 主栽品种 | 适宜授粉树 |
| --- | --- |
| 红灯 | 红蜜、宾库、大紫、佳红、巨红、红艳 |
| 红艳 | 红灯、红蜜、巨红 |
| 沙蜜脱 | 大紫、友谊、宇宙、奇好、佐藤锦、南阳 |
| 早红宝石 | 抉择、乌梅极早、那翁、早大果、红灯 |
| 抉择 | 早大果、早红宝石、红灯、那翁、先锋 |
| 早大果 | 早红宝石、抉择、胜利、先锋 |
| 胜利 | 早大果、雷尼、先锋、那翁、红灯 |
| 友谊 | 胜利、早大果、雷尼、先锋、红灯 |
| 宇宙 | 友谊、奇好、沙蜜脱、胜利、那翁、先锋 |
| 奇好 | 宇宙、友谊、沙蜜脱、先锋 |
| 芝罘红 | 水晶、大紫、那翁、滨库、红灯、红丰 |
| 先锋 | 滨库、雷尼尔、早大果、胜利、友谊、宇宙 |

生产实践表明，在一片大樱桃园中，授粉品种最低不能少于 30%，如 3 个主栽品种混栽，各为 1/3 为宜。面积较小时，授粉树要占 40%～50%，才能满足授粉的需要。平地果园，主栽品种和授粉品种分别按行栽植；丘陵梯田果园，采用阶梯式栽植，即在行内隔一定株数栽一株授粉品种。

## (二)园地选择

园址的选择：甜樱桃不耐涝，也不耐盐碱，因此要选择雨季不积水，地下水位低的地块建园，盐碱地不宜建园。

大樱桃不抗旱，根系不很发达。要选择土壤肥沃、疏松，保水性较好的沙质壤土，不宜在沙荒地和黏重土壤上建园，同时一定要有灌水条件。

大樱桃树一般根系较浅，容易被大风吹歪或吹倒，园址应选背风向阳的地块或山坡，并重视营造防风林。

大樱桃树开花早，易受霜害。俗话说："雪下高山，霜打洼"，就是说低洼的地方容易受霜危害。要把园址选在空气流通、地形较高的地方，春季温度回升较缓慢，以推迟开花期，避开霜冻危害。

大樱桃要抢市场，应选择交通方便的地点，最好是大城市郊区，方便市场销售，做到新鲜果品及时上市，可提高大樱桃的经济效益。根据樱桃美观，受人们喜爱，但采摘较困难等特点，也很适宜发展观光果园，果园的地点最好和旅游点相结合。园址选择后，还需要对建园进行统一规划，要将果园划分成几个作业小区，要有贯通全园的道路，要有防风的防护林，特别是对主风向，一定要营造防风林，另外要有灌水和排水系统，以及有管道打药系统，机械化打药的设备。

### （三）栽植

#### 1. 栽前土壤改良

大樱桃栽植前，应施足基肥，每亩施土杂肥 5 000 千克。撒施后，用深耕犁全面深耕，深度达到 50～60 厘米。如果园地较小或不便利用机械作业的坡地，也可采取挖定植穴和定植沟的方法。定植穴的大小为直径 100 厘米，深度 60 厘米。

定植沟的宽度为150厘米，深度60～70厘米。

开穴栽树的做法应该提倡，但要解决死穴与暗涝问题。若松土层较浅，一般深20～30厘米的地块，在挖穴时，必须在穴与穴之间挖相连接的纵横向沟，以解决死穴问题，防止局部涝害。一般沟的深度应比穴的底部深10～15厘米，然后回填。回填时，沟的底部可放一些作物秸秆，也可结合施一些有机肥，下部应用地表熟土或用结构松散的沙土回填，以提高透水性。

对梯田大樱桃园，应挖好堰下沟和贮水坑，以切断渗透水，防止内涝。堰下沟的深度以地堰的高度为定，地堰低可挖浅一些，地堰高应挖深一些，一般应挖宽60厘米、深50～60厘米为宜。

2. 栽植时间

我国大樱桃产区，一般都在春季土壤解冻后至苗木发芽前栽植。山东烟台地区果农习惯在3月中下旬，临近发芽前定植。实践证明，此时栽植，成活率高。在冬季低温、干旱、多风的北方或沿海，秋栽易出现失水抽干现象，降低成活率，故春栽好于秋栽。

3. 栽植方式

根据地形而定栽植方式。平地建园宜采用长方形，行距宽，株距窄，宽行密植的优点是光照条件好，行间可以开进打药机及小型运输车，便于机械化操作，并省人工。另外，在定植果树后的前1～3年，可以种一些间作作物，行间较宽利于间作作物的生长，以后也可以间作绿肥。

栽植行的方向要求南北向，这样，上午和下午可以充分利用阳光，使光照能照到树的下部，中午光线过强，有一部分可以被行间的作物或绿肥利用。山坡地栽植，要采用等高梯田栽植法，较窄的梯田，可栽1行。梯田面宽时，可适当多栽几行，或者在梯田外堰种1行，里面间作作物，因为外堰土壤比较深厚，空间大，光照好。

4. 苗木的选择与处理

定植以前要核对品种，并将苗木按大小严格分级，同种规格的苗木栽植在一起，以保证园相的整齐划一，将不符合生产要求的苗木剔除。合格的苗木标准应该是根系完整，须根发达，有6条以上粗度在5毫米左右，长度约20厘米的大根，不劈不裂不失水，无病虫害；枝条粗壮，节间较短而均匀，芽眼饱满，皮色光亮，具本品种的典型色泽，无破皮掉芽现象；苗木高度在1.2米以上。

定植以前，将经过越冬假植的苗木或者从外地购进的苗木根系放在水中浸泡12小时以上可显著提高定植的成活率；如果有条件可将苗木根系放在由腐熟的鸡粪配成的肥浆中浸泡则效果更好。

浸泡以后，将大根进行修剪，剪去劈裂、损伤部分，病虫危害或腐烂的根要剪至新鲜白茬，无损伤的根仅剪去先端毛茬即可。经过修剪的根系伤口平滑，组织新鲜而有活力，愈合快，发根力强，有利于促进苗木成活和缩短缓苗期。

5. 栽植密度

我国以往的一些大樱桃园，栽植密度一般都比较小，株行距多为 4 米×5 米和 5 米×6 米，个别还有 6 米×7 米，每公顷栽 240～495 株。为了合理利用土地，充分利用光能，提高早期产量和增强植株群体抗风能力，新建大樱桃园的栽植密度加大。大面积生产园采用(3～4)米×(4～5)米，每公顷 495～825 株；小面积丰产园可采用(2.5～3)米×(3.5～4)米，每公顷 825～1 140 株。若利用矮化砧木或紧凑型品种，如短枝斯坦勒等，密度还可适当加大。

6. 栽植方法

全面深翻的园地，不需要再挖大的定植穴，可根据苗木根系的大小挖坑栽植。挖定植穴和定植沟的园地，要在栽植前，先将部分底土、表土、土杂肥混合均匀，回填至坑内，灌水踏实。苗木栽植时，使根系自然舒展，填土过程中，要将苗木略略上提，使根系舒展，然后踏实。苗木栽植的深度一般不要超过嫁接部位。苗木栽植后随即浇水，水渗入后，用土封穴，并在苗木周围培成高 15 厘米左右的土堆，以利保蓄土壤水分，防止苗木被风吹歪。苗木发芽后，要视天气情况，及时灌水和排水，以利成活，促其生长。大樱桃怕涝，萌发新根又要求土壤有较高的含氧量。因此，定植当年春季切忌用塑料薄膜覆盖树盘或定植沟，以免沤根死苗。

## 二、土肥水管理

### （一）土壤管理

大樱桃园的土壤管理，主要包括深翻扩穴，中耕松土、果园间作，以及地面覆盖等内容。土壤管理的具体技术和方法，要根据大樱桃园的地形、土壤、栽植密度和树龄等，因地、因树制宜地进行。

1. 深翻扩穴

深翻扩穴的目的，一是加深土层，使大樱桃根系向更深层土壤伸展，从而能更好地固定树体，长势茂盛，优质丰产；二是增加土壤透水性，促进大樱桃生长发育。大樱桃园的土壤深刨，要从幼树期开始，坚持年年进行。

深翻扩穴，一般在 9 月下旬至 10 月中旬结合秋施基肥进行。选择此时深翻的原因，一是由于气温较高，土壤深翻后有利于有机肥的分解吸收；二是断根后根组织容易愈合，对新根形成有利。这主要是因为这个季节根系处于生长活动期，发根快且数量多。

丘陵山地果园可采用半圆扩穴法。即在距树干 1.5 米处开挖环形 50 厘米左右深的沟，然后将土与玉米、小麦等作物秸秆和腐熟的厩肥、堆肥等有机肥料混合后分层回填沟内，并随填随踏实，填平后立即浇水，使回填土沉实。这样不但达到了扩穴的目的，而且还增加了土壤中的有机质含量，既改良了土壤，又培肥了地力，促进了根系的生长发育。一株树分两年完成扩穴，以防伤根太多影响树势。

对地势平坦的平原或沙滩地果园，采用“井”字沟法深翻或深耕，分年完成。深翻，即在距树干 1 米处挖深 50 厘米，宽 50 厘米的沟，隔行进行，第二年再挖另一侧。深耕，可先在行间撒上粉碎的秸秆、厩肥等再深翻压入土中。

大樱桃根系较浅，尤其是丘陵山地栽植的以草樱桃做砧木的大樱桃树，根系主要分布在 20～30 厘米深的土层中。不抗旱、不抗涝，遇风易倒伏。深翻土壤要达到 20 厘米上下，这样不但要使粪、土均匀混合，充分发挥肥效，而且也保证了根系的从容扩展。树冠内根系浅而粗，所以刨地深度宜浅不宜深，以免损伤大根，影响营养的吸收，削弱树势。土壤深翻后，要把地面整平，为了避免雨水积涝，树盘内土面要稍高一些，这样有利于雨水排出树盘，保护根系。

2. 中耕松土

大樱桃对土壤水分敏感，根系要求有较好的土壤透气条件。因此，中耕松上也是大樱桃园土壤管理中一项不可忽视的工作。

大樱桃园的中耕松土，一般是在灌水或雨后进行。特别在进入雨季之后，大樱桃的白色吸收根往往向土壤表层生长。烟台大樱桃产区的群众，把这种习性叫作“雨季泛根”。降雨多时，土壤氧气含量下降，杂草易滋生蔓延。因此，进入雨季后，更要勤锄松土。一则，可以切断土壤毛细管，保蓄土壤水分；二则，可以灭除杂草，改善土壤通气状况。

中耕松土的深度，以5～10厘米为宜。中耕松土的次数，则要视降雨、灌水，以及杂草的生长情况确定，以没有杂草为度。中耕时，也要注意适当加高树盘土壤，以防积水。

3.地面覆盖

大樱桃园的地面覆盖，主要有覆草和覆膜等两种方法。

树盘覆草：树盘覆草能使表层土壤温度相对稳定，保持土壤湿度，提高有机质含量，增加团粒结构，在山丘地缺肥少水的果园内覆草尤为重要。覆草还可促进根系生长，特别有利于表层细根的生长，促进树体健壮生长，有利于花芽分化，提高坐果率，增加产量，改善品质。山东烟台果农在大樱桃园覆草后，花朵坐果率比不覆草的提高24.1%～27.2%，平均单果重比对照高18.4%，且覆草时间一般以夏季为最好，因此时正值雨季、温度又高，草易腐烂，不易被风吹走。在干旱高温年份，此时覆草可降低高温对表层根的伤害，起到保根的作用。

覆草的种类有麦秸、豆秸、玉米秸、稻草等多种秸秆。数量一般为每亩2 000～2 500千克麦秸，若草源不足，应主要覆盖树盘，覆草厚度为15～20厘米。覆盖前，要把草切成5厘米左右，撒上尿素或鲜尿堆成垛进行初步腐熟后再覆盖效果更好。覆草时，先浅翻树盘。覆草后用土压住四周，以防被风吹散。刚覆草的果园要注意防火。每次打药时，可先在草上喷洒一遍，集中消灭潜伏于草中的害虫。覆草后若发现叶色变淡，要及时喷一遍0.4%～0.5%的尿素。

大樱桃园进行覆草，以丘陵山地果园为宜，可有效地防止土壤和养分流失。土质黏重的平地果园及涝洼地不提倡覆草，因其覆草后雨季容易积水，引起涝害。另外，覆草的果园，花期提前1～2天，对预防晚霜袭击不利。

地膜覆盖：大樱桃园覆盖塑料薄膜时，宜选用厚度为0.07毫米的聚乙烯薄膜。覆膜前，先整好树盘，灌水后，将聚乙烯薄膜覆盖在整好的树盘土面上，四周用土压实。覆膜后，不再灌水和中耕除草。1年后薄膜老化破裂时，可更换薄膜，继续覆盖。

4.果园间作和果园生草

幼树期间，为了充分利用土地和阳光，增加收益，可在行间适当间作经济作物。间作物要种矮秆类，有利于提高土壤肥力的作物，例如：花生、绿豆等豆科植物，不宜间作小麦、玉米、高粱、白薯等影响甜樱桃生长的作物。间作时要留足树盘，树行宽要留2米。间作时间最多不超过3年，一般1～2年，以不影响树体生长为原则。

果园生草是目前国内外大樱桃栽培中正大力推广的一种现代化的土壤管理方法，也是实现果园仿生栽培的一种有效手段。

大樱桃园生草可采用全园生草、行间生草和株间生草等模式，具体模式应根据果园立地条件、管理条件而定。土层深厚、肥沃，根系分布深的果园，可全园生草；反之，土层浅而瘠薄的果园，可用后两种方式。在年降水量少于500毫米、无灌溉条件的果园，不宜进行生草栽培。

适合大樱桃园生草的种类：禾本科的有早熟禾、百喜草、剪股草、野牛劲、羊胡子草、结缕草、鸭茅、燕麦草等，豆科的有白三叶、红三叶、紫花苜蓿、扁豆黄芪、田菁、豌豆、绿豆、黑豆、多变小冠花、百脉根、乌豇豆、沙打旺、紫云英、苕子等，以及夏至草、泥胡菜、荠菜等有益杂草，近几年有用黑麦草、羊茅草等禾本科牧草，也可用豆科和禾本科牧草混播或与有益杂草夏至草搭配。

种草时间与播种量：自春季至秋季均可播种，一般春季3～4月和秋季9月地温在15℃以上时最为适宜。春季播种，草被可在6～7月果园草荒发生前形成。播种量视生草种类而定，如黑麦草、羊茅草等牧草每亩用草种2.5～3千克，白三叶、紫花苜蓿等豆科牧草每亩用种量1～1.5千克。

种植方法：可直播和移栽，一般以划沟条播为主。平整土地以后，最好在生草播种以前半个月灌一次水，诱使杂草种子萌发出土，然后喷施短期内降解的除草剂如克芜踪等，10天以后再灌水一次，将残余的除草剂淋溶下去，然后播种草籽，这样可以减少杂草的干扰，否则当生草出苗后，杂草掺和在内，很难拔除。

果园生草应当控制草的长势，适时进行刈割，以缓和春季与大樱桃争夺水分和养分的矛盾，同时还可以增加年内草的产量。一般一年刈割 2～4 次，灌溉条件好的可以多割一次。初次刈割要等草根扎深、营养体显著增加以后才开始。刈割要掌握好留茬的高度，一般豆科草茬要留 1～2 个分枝，留茬 15 厘米左右，禾本科草要留有心叶，一般留茬 10 厘米左右，如果留茬太低就会失去再生能力。带状生草的刈割下的草覆盖于树盘上，全园生草的则就地撒开，也可以开沟深埋。

生草园早春施肥应比清耕园增施一半的氮肥；生草 5～7 年以后，草逐渐老化，应及时翻压，休闲 1～2 年以后重新播种。翻压以春季为宜，也可以在草上喷洒草甘膦等除草剂，使草迅速死亡腐烂，翻耕后有机物迅速分解，速效氮激增，应适当减少或停施氮肥。

### (二)肥水管理

1. 施肥

(1)大樱桃的需肥特点。大樱桃开花、展叶、抽梢和果实发育到成熟都集中在生长季的前半期，从开花到果实成熟仅需 45 天左右的时间，绝大部分的梢叶也是在这一时期形成的，而花芽分化又在果实采收后的 1～2 个月内基本完成，具有生长发育迅速、需肥集中的特点。因此，大樱桃越冬期间贮藏养分的多少，生长结实和花芽分化期间营养水平的高低，对壮树、丰产有重大的影响。

据研究，在 453.952 千克大樱桃成熟果实中，含氮 1.039 千克，含磷 0.141 千克，含钾 1.256 千克。若以氮的绝对含量为 10 来算，则氮、磷、钾的比例为 10∶1.4∶12.1，6 月下旬和 8 月下旬，大樱桃叶片中的含氮量分别为干物质的 2.639%和 2.160%，含磷量为 0.302%和 0.329%，含钾量分别为 2.782%和 2.637%。以氮的绝对含量为 10，则氮、磷、钾的比例为 10∶(1.2～1.5)∶(10.5～12.2)。在年周期发育过程中，叶片中氮、磷、钾的含量，以展叶期最大，此后逐渐减少。钾的含量在 10 月初回升，并达到最高值。由此可以看出，大樱桃对氮、钾的需要量很多，且数量相近。对磷的需要量则要低很多。氮、磷、钾的适宜用量比例，在 10∶1.5∶(10～12)范围内。一年中从展叶到果实成熟前，需肥量最大，采果后至花芽分化盛期需肥量次之，其余时间需肥量较少。

(2)大樱桃的施肥原则。建立有机肥为主的施肥制度。有机肥不仅具有养分全面的特点，而且可以改善土壤的理化性状，有利于大樱桃根系的发生和生长，扩大根系的分布范围，增强其固地性。早施基肥，多施有机肥还可增加大樱桃贮藏营养，提高坐果率，增加产量，改善品质。

抓住几个关键时期施肥。生命周期中抓早期，先促进旺长，再及时控冠促进花芽分化。年周期中抓萌芽期、采收后和休眠前三个时期。

以平衡施肥为主。追肥上应以平衡施肥为主，然后根据各时期的需肥特点有所侧重。

(3)施肥方法。大樱桃的施肥时期、施肥量和施肥方法，因树龄、树势和结果量的不同而不同。山东烟台大樱桃产区，对幼树和初果期树，强调施基肥，一般不施追肥，结果大树则需增加追肥次数。

基肥。基肥以有机肥料为主，是较长时间平稳、均衡供给果树多种营养成分的基础性肥料。通过基肥增施有机肥料，能够提高土壤有机质含量，而土壤有机质含量是土壤结构好坏，土质肥沃程度的主要指标；增施有机肥是改良土壤的主要措施之一，是决定大樱桃果实质量的基础，在大樱桃生产中具有不可替代的作用。

有机肥的施肥数量，在目前有机肥料来源严重不足的情况下，至少应该保证500克果施1～1.5千克有机肥的材料。生产当中还应根据树龄、树势及有机肥料的种类和质量而定。山东烟台大樱桃主产区总结多年的施肥经验，认为幼树和初果期树，一般树施入人粪尿30～50千克，或猪粪120千克，结果大树株施入人粪尿60～80千克，或亩施猪圈粪3 000～5 000千克。

基肥用的人粪尿，一定要事先经过拌土堆积发酵后再施用，以防烧伤根系。为提高肥效，堆积发酵时要加入过磷酸钙，其用量是每100千克人粪尿中加入5千克过磷酸钙即可。鸡粪是一种较好的有机肥，对健壮树势、提高果实品质，十分有利。近几年，山东烟台不少大樱桃园用腐熟的鸡粪作为基肥的肥源。但必须注意用鸡粪作基肥，一定要事先堆积发酵，腐熟后再施用，避免烧根和孳生虫害。

基肥可以在秋季或春季施用，根据大樱桃的生长特点，基肥宜在秋季早施。一方面此时地上光合积累充足，根系活动旺盛，伤根容易愈合，切断一些细小根，起到根系修剪的作用，可促发新根；另一方面根据大樱桃的生理特征在施基肥时通常要加入适量的速效性氮肥，被树体及时地吸收以后，因此时地上部新生器官已基本停止生长，几乎全部被用来作为积累贮备，可以显著提高树体贮藏营养水平和细胞液浓度，对来年的萌芽开花和新梢早期生长十分有利。此外，早秋施基肥，有机物质腐烂分解时间较长，矿质化程度高，翌年可及时供根系吸收利用，并有利于果园积雪保墒，提高地温，防止根际冻害。

人粪尿多采用开放射状沟施，或开大穴施用；猪圈粪则多土壤深刨进行撒施，或行间开沟深施，沟深50厘米左右。

(4)土壤追肥。基肥发挥肥效平稳而缓慢，当大樱桃需肥急迫时必须及时补充方能满足果树生长发育的需要。追肥既是当年壮树、高产、优质的肥料，又给来年生长结果打下基础，是大樱桃生产中不可缺少的施肥环节。

①追肥时期。花果期施肥：此次追肥在谢花后，果核和胚

发育期以前进行，目的是为了提高坐果率和供给果实发育、梢叶生长，同时促进果个增大。肥料种类以速效性氮肥为主，配以适量磷钾肥。生产上常用全元复合肥或腐熟人粪尿。注意此次追肥不能晚，过晚往往使果实延迟成熟，品质降低。

采果后补肥：此次追肥是一次关键性的施肥。此时正值从展叶抽梢、开花坐果到果实发育的营养消耗阶段，向营养长时间积累阶段过度，并开始花芽集中分化，此时及时补充肥料，对增加营养积累促进花芽分化，维持树势健壮，都有重要作用。

采果后补肥的种类，主要是腐熟的人粪尿、腐熟豆饼水，以及复合肥等。

秋季施肥：此次追肥常结合秋施基肥施入，主要目的就是提高树体后期的营养积累，增强越冬抗寒能力，为来年的丰产优质打下基础。施肥的种类应以氮肥为主，配以适量的磷、钾肥。缺素症发生严重的园片可随同基肥一块施入相应的微量元素肥料。

②追肥量。确定施肥量的方法很多，然而根据土壤或叶片分析值进行理论计算，现在在实际生产中一时还难以推广，确定施肥量的主要手段，还是凭以往的生产经验。据山东烟台的经验，花果期追肥，成龄大树一般株施复合肥 1～2 千克左右或株施人粪尿 25 千克，采果后补肥成龄大树每株施复合肥 1～1.5 千克或腐熟人粪尿 70 千克或腐熟猪粪尿 100 千

克，初结果树每株施磷酸二铵 0.5 千克左右。

③追肥方法。通常腐熟人粪尿或猪粪尿，可采用放射状沟施；复合肥采用在树冠外围 30～50 厘米的地方，进行放射状或弧形沟施。开沟时，要多划几条，一般 7～9 条，以扩大施肥面，便于吸收。并可避免肥料过于集中，烧伤根系。

根外追肥。根外追肥是一种应急和辅助土壤施肥的方法，具有见效快和节省用肥等特点。在调节树体长势、促进成花、提高坐果率和改善品质等方面，效果也很明显。

春季萌芽前枝干喷施 2%～3%的尿素液可弥补树体贮藏营养不足，促进萌芽开花和新梢生长，展叶后喷施 0.2%尿素加 0.2%磷酸二氢钾或其他配方复合肥（每 10 天喷 1 次，连喷 2～3 次），对扩大叶面积和增加叶厚度都有较明显的作用，有利于幼旺树尽早成花。花期喷洒 0.3%的尿素和 0.3%硼砂，可明显提高坐果率，促进果实发育。

叶面喷肥的注意事项：一是根外追肥只是果树施肥的辅助性措施；不能代替土壤施肥，只能作为补充；二是应避开降雨和高温，以免降低效果和引起“肥害”。夏季应在温度较低时进行；三是要细致周到，喷布均匀，重点喷叶背面。

## 三、灌水与排水

### （一）灌水

（1）花前水。在萌芽至开花前（3 月中下旬）进行。主要是满足展叶、开花的需求。此时灌水可以降低地温，延迟开花，有利于防止晚霜危害。据调查，花前灌水和不灌水的，开花初期可相差3～5天。若早春干旱，效果更为明显。

(2)硬核水。硬核期是果实生长发育最旺盛的时期(5月初至5月中旬前)。这一时期正值果实迅速膨大，果核迅速增长至果实成熟时的大小，胚乳也迅速发育，对水分的供应最敏感。此期若土壤含水量不足，幼果则发育不良，易早衰脱落。因此，这一时期的灌水要勤，一般2次，量要足。据在山东烟台黏壤土樱桃园测定，当根系主要分布层的含水量下降到11%～12%时，就会发生“柳黄”落果，所以在10～30厘米土层的土壤含水量下降到12%以前时，要立即灌水。据调查，在沙壤土上，以毛把酸为砧木嫁接那翁的成龄树，80%的根系分布在20～40厘米土层中；中国樱桃在冲积性壤土上，根系主要分布在20～35厘米土层中。土层浅或深，根系分布也会随之或浅些，或深些。据大紫樱桃园的试验表明，在硬核期灌水的比不灌水的可减轻落果26.1%～29.2%。

(3)采前水。果实采收前(5月下旬至6月初)是果实第二速长膨大期，灌水与否对果实产量和品质影响极大。采前灌水有增大果个，增加果实可溶性固形物(大紫比不浇水提高2.8度)含量和提高品质的重要作用。必须指出，采前水要在硬核水的基础上浇灌，如果前期长期干旱，突然在采前灌大水，有时反而引起裂果，特别是容易裂果的品种。

(4)采后水。果实采收后，正值树体恢复和花芽分化的重要时期。此期应结合施肥进行灌水，为翌年打下基础。

灌水方法，一般采用畦灌。有条件时，应提倡采用喷灌。尤其在晚霜来临前，采用喷2分钟停2分钟的间歇喷灌法，可以有效地延迟甜樱桃开花期，避免霜冻危害。

## (二)排水

当樱桃园土壤含水量达到土壤最大持水量的100%时，只需48小时，叶片就会开始变黄。因此，樱桃园防涝是一项不可忽视的工作。除了进行节水灌溉，还要开通果园排水系统，使灌入田间过多的水或降雨能及时排出。这项工作应在建园时统筹安排。

挖定植沟时，易涝地块最多沿高低走势挖成定植沟，在较低一端地头挖深50～60厘米的排水沟，并与各定植沟相通，每年扩穴时也把穴沟与排水沟挖通，以利排水。凡挖定植穴定植的樱桃园最好在1～2年内结合扩大穴挖通株间隔埂。

除沙地果园外，其他土质的果园均应整成低垄，垄高30厘米左右，行间的正中央是垄沟，方便排灌。

在黏土地果园，定植时可挖小穴定埴，穴深15～25厘米，以后逐年挖行间的土培在树盘下，3年后树盘下的活土层比2行树中间可高出30～40厘米，根系都生长在活土层，根系生长的地面较高，不易积水。

## 四、整形修剪

整形修剪的目的是要调节树体与外界环境的关系，主要是合理地利用光能；调节生长与结果的关系，使果树早结果、丰产、稳产，并且延长盛果期。各种树种生长结果习性不同，整形修剪方式、方法也不同。

### (一)修剪有关的特性

与其他树种相比，大樱桃生长发育有其独有的特点，了解并掌握这些特性，对于合理运用各种树形和修剪方法很有必要。

1. 大樱桃萌芽率高，而成枝力相对较低

一年生枝除了基部几个瘪芽外，大部分以萌发。在自然甩放的情况下，一般只有先端1～4个芽可抽生中长枝。幼树期间，量大，成形快，有利于早结果，早丰产。整形修剪要充分利用这些特性，采用轻剪为主，促控结合，迅速扩大树冠，促进花芽形成，及早投产。

2. 芽具早熟性

背上新梢留5～10厘米反复摘心或进行扭梢处理，当年即可成花。在大樱桃整形过程中，要积极运用夏剪措施，提早成形，促进花芽分化和结果枝组的培养。

3. 顶端优势明显

枝条顶端及其附近的芽萌发力强，易抽生多个长枝，而其下端绝大多数为短枝，很少抽生中枝。在自然生长的情况下树冠层性非常明显，任其生长，外围枝条生长强旺，二三年生枝段上的短枝会衰亡枯死。在整形修剪过程中，幼旺树多采用拉枝、刻芽等技术，平衡树势，抑前促后，促发中短枝。盛果期树要减少外围枝拉力，促进内膛枝的发育。

4. 伤口愈合能力较弱水

整形过程中造成的剪锯口极易流胶，严重削弱树势。因此，冬季修剪时要少做伤口，尤其是大伤口，必须去掉的大枝，最好在采果后的生长季节进行。

5. 枝条分枝角度小，易形成"夹皮枝"

随着枝龄的增长，夹皮处形成一些死组织，引起流胶，在人工整形时，此处极易劈裂。在修剪时，可采用极重短截清除同龄枝，或抹去剪口下 2～4 芽的做法消除夹皮枝。

### (二)主要树形及整形方法

1. 自由纺锤形

这是近年来大樱桃主产区幼树整形修剪中应用最多的树形，具有整形容易、结果早、丰产的优点，适合于密植栽培。

其结构特点是：干高 40～50 厘米，树高 3 米左右，中干直立挺拔，其上分层或螺旋着生 15～20 个单轴延伸的主枝，主枝夹度下层为80°～90°，上层为90°～120°，基部主枝长150～200厘米，中上部主枝长100～150厘米。主枝上一般不培养侧枝和大控制枝。

整形过程为：定植后60～70厘米定干，保留剪口下第一芽，其下2～4芽抹去。当年夏剪对选留的主枝新梢开角至70°～80°，或于9月将其拉至70°～80°。第二年春季芽萌动时，中干延长枝剪留40～60厘米，具体剪留长度根据下部选留的主枝数量和中干强弱而定，下部主枝多中干强的可剪留长些，下部主枝少中干弱的剪留短些，保留剪口下第一芽，其下2～4芽抹去。中干上的芽每隔4芽进行刻伤，促发分枝。对选留的主枝缓放或去顶，不能短截。生长季节，主枝上发生的竞争枝、背上直立徒长枝，及时扭梢、摘心、捋枝加以控制，中长枝扭梢促其成花。中心干延长中截后发出的枝任其生长，至9月拉至80°～90°。第三年的整形修剪同上一年，背上枝生长强旺时，可喷150～200倍的$PP_{333}$控势促花。经过3年的修剪，自由纺锤形可基本完成。之后根据树高和主枝长势情况在适当部位落实开心，控制树高，树体整形可基本完成。

自由纺锤整形时对树势要求较高，树势越强旺，越易培养，成形越快，树形也越理想。这种树形一旦大量结果，树势很易衰弱，因此，要加强土肥水管理，山坡地、土壤比较贫瘠的地块不宜采用，成形后修剪量小，但要保证每个主枝延长枝始终是混合枝。若为中短果枝,则就回缩复壮。

2. 主干疏层形

具中央领导干,干高 40～60 厘米,中心干上着生 6～8 个主枝,分三层。第一层主枝 3 个,每个主枝上着生 2～3 个侧枝,主枝开角 60°～70°,侧枝角度 60°～80°。第二层主枝 2～3 个,开角 45°～60°,每个主枝上配备 1～2 个侧枝,侧枝开角 50°～70°。第三层主枝 1～2 个配备侧枝,直接着生结果枝组。一二层主枝间的层间距为 70～80 厘米,二三层主枝间的层间距为 60～70 厘米。

小冠疏层形的整形方法为:定植后,60～70 厘米定干,保留剪口下第 1 芽,抹去剪口下 2～4 芽,第一年选生长健壮、方位好的新梢作主枝,长至 60 厘米时留 50 厘米摘心,一般能分生 2～3 个新梢。至 9 月将主枝拉至应有角度,不作主枝的大枝拉至 80°～90°。第二年春季修剪时,中干延长枝留 40～60 厘米剪截,发生的新梢留方向好的 2～3 枝选作第二层主枝培养,当其长至 60 厘米时摘心促发侧枝,第一层主枝在第一侧枝上 30～40 厘米中截,选留第二侧枝,第二侧枝在第一侧枝对面。对辅养大枝可于芽萌动进行刻芽,刻两侧和背后芽,不刻背上芽。至 4 月,对第二层枝进行拉枝,留作主枝的拉至 45°～60°,其余拉至水平。第 3 年春季骨干枝的修剪同第 2 年,生长季节中干延长枝发出的新梢不行摘心,单轴延伸,培养 1～2 个主枝。至此,树体整形已基本完成。

3. 自然开心形

无中央领导干，干高20～40厘米，全树3～4个主枝，开张角度30°～40°。每个主枝上留5～6个背斜或背后侧枝，插空排列，开张角度70°～80°，多呈单轴延伸，其上着生结果枝组。树高3.0～3.5米，整个树冠呈圆形或扁圆形。

整形方法：30～40厘米定干。剪口枝生长直立旺盛时，留10～15厘米重摘心控制，剪口枝生长不过旺时，可选作主枝，与其下留作主枝的分枝，均留30～50厘米外芽摘心，去上芽，促生分枝，培养主枝延长枝和侧枝。如果长势仍较旺，在7月中下旬前，对主枝延长枝留30～40厘米行第二次摘心，其余直立旺枝重摘心1～2次，控制生长。9月调整主枝角度到30°～40°，强主枝角度大些，弱主枝角度小些。侧枝开角到70°～80°。第二年春剪时，主枝延长枝留40～50厘米短截，侧枝和其余枝条缓放或去顶。若生长仍较旺时，主枝延长枝继续摘心，加速培养背斜或背后侧枝，竞争枝和背上强枝重摘心或扭梢控制，培养结果枝组。到秋季，再对主枝、侧枝角度加以调整、固定。第三年按照第二年的方法继续选留侧枝，培养结果枝组。有3年时间，树形即可基本完成。

4. 丛状形

无主干和中央领导干，从近地面处分生出4～5个主枝，主枝上直接着生各类结果枝组。

整形方法：定植后留20～30厘米定干，当年既可发出3～

5个主枝，当主枝长到40～50厘米时，留30～40厘米摘心，促发二次枝，防止内膛光秃。第二年春，对主枝根据生长势情况进行短截，不足70厘米长的枝，缓放不剪，任其生长。超过70厘米的枝，留20～30厘米短截，剪口芽一律留外芽。第三年春剪时只对个别枝进行调整，生长季节对旺枝连续摘心，争加枝量，其余枝条缓放不动，3年即可完成整形。

丛状形具有成形快，骨干枝级次少，树体矮小，结果早，抗风力强，不易倒伏，管理方便，缺点是寿命较短，适于丘陵山区或温室边行。

5. 圆柱形

圆柱形树体的结构特点是：干高30～40厘米，树高2.5米，中干直立，直接着生螺旋状均匀分布的15～20个大型结果枝组，结果枝组基角开张至85°～90°。这种树形整枝简单，容易掌握，适合高密度栽植的果园采用。

圆柱形的整形过程：选用壮苗，定干高度60～70厘米，抹去剪口下2～4芽，当年萌发的新梢选最上部、生长势强的枝作中干延长枝，其他各侧生新梢留10厘米摘心，中干延长枝留20～25厘米进行摘心，9月将侧生新梢拉至水平。第二年春季萌芽时，对中干延长枝进行短截，剪留40～60厘米，抹去剪口下2～4芽，从中干延长枝基部开始，每隔4～5芽选择不同方位刻芽促枝。对已有的结果枝组的延长技进行重截，促发新枝。如结果枝组的延长枝过旺，可去强留弱。夏季继续对中干上萌发的新枝进行摘心，摘留长度同第一年。第三年春季，中干延长枝剪留 60～80 厘米，中干上继续进行刻芽促枝，夏季进行摘心。3 年即可成形。

6.改良主干形

改良主干形结构简单，骨干枝级次少，整形容易，树体光照好，成花容易，结果枝数量多，营养集中，产量高，品质较好，最适合密度在(2～3)米× (3～3.5)米条件下干性较强的品种，目前大棚和温室栽培多采用此种树形。

改良主干形类似苹果的自由纺锤形，有主干和中心干，主干高 50～70 厘米，树高 2.5～3.3 米。在中心干上首生 10～15 个单轴延伸的主枝，下部主枝较长，长 2～2.5 米，向上逐渐变短。主枝基角为 40°～45°，在主枝上直接着生大量的结果枝组。

整形方法。第一年春定干高度在距地面 50～70 厘米处，通过刻芽促发多主枝。萌芽后选择方位分布均匀、生长势大致一致的 3～5 个新梢培养主枝，其余萌芽一律抹除。

第二年萌芽初对上年培养的下部主枝进行拉枝，不短截，只剪除梢头的几个轮生芽，疏除多余分枝，同时对主枝上的侧芽进行芽前刻伤，促发侧枝形成。中心干延长枝留 30～40 厘米短截。生长期注意剪除主枝上的直立新梢和梢头多余分枝，并将上年培养的上部主枝拿枝开角，中心干延长枝继续摘心，促发分枝。

第三年萌芽初继续拉枝，主枝延长枝留外芽轻短截，疏除徒长枝和直立枝。中心干延长枝留 30～40 厘米短截。生长期的整形修剪同第二年生长期，主要抹除多余萌芽和摘除主枝背上直立新梢、徒长枝等。对主枝上的侧生分枝中度摘心，培养结果枝或结果枝组。

第四年修剪同第三年，主要疏除内膛徒长枝和直立枝，当株间无空间时，可停止短截主枝延长梢，稳定树势，培养结果枝和结果枝组。

### (三)修剪方法

1. 冬季修剪

樱桃枝条组织疏松，导管粗大，休眠期修剪早，剪口极易失水，影响剪口芽的生长。因此，大樱桃最好在萌芽前修剪。修剪方法主要采用短截、缓放、回缩、疏枝等。

(1)短截。剪截去一年生枝的一部分称短截。根据短截的程度不高，可分为轻、中、重、极重 4 种。剪去一年枝条的 1/4～1/3 的称轻短截，可削弱顶端优势，降低成枝力，缓和外围枝条的生长势，增加短枝数量，提早结果。在一年生枝条中部饱满芽处短截，剪去原枝长的 1/2 的称中短截。中短截有利于增强枝条的生长优势，增加分枝量，一般可抽生出 3～5 个中、长枝。在成枝力弱的品种上多利用中短截增加分枝量，对中心干和主侧枝延长枝幼树期间多用中短截。剪去一年生枝 2/3 左右称为重短截，能促发旺枝，提高营养枝和长果枝的比例，在幼树期间，为平衡树势多采用重短截。在枝条基部留4～5芽的短截为极重短截，中心干延长枝的竞争枝常采用极重短截控制其长势，利用背上枝培养小型结果枝时，第一年生极重短截，第二年对发出的强旺枝再次极重短截，中、短枝可缓放形成结果枝组。

幼树期间尽量少用短截，对于骨干枝上过长的延长枝，可进行轻、中短截，以利在适当的部位抽生分枝。对于部分过密的长枝，在适量疏枝的基础上，少量可用重或极重短截，第二年再用摘心等复剪措施培养结果枝组。对于一部分背上直立的强枝和强的中枝，也可采用极重短截各复剪措施，培养结果枝组。对于长势偏弱的成龄树，可适当采用中短截，减少生长点，促进长势，一部分长果枝和混合芽，可采用轻、中短截，提高坐果率。

(2)缓放。对一年生枝条不加修剪或仅破顶，任其自然生长，称为缓放。缓放是大樱桃幼树与初果期树整形修剪过程中常用的修剪方法，有利于缓和枝势和树势，减少长枝数量，有利于花束状短果枝的形成，促进花芽形成，提早结果。使用时应因枝制宜，幼树期间主要缓放中枝和角度较大的枝，直立强旺枝和竞争枝缓放后，长势旺，加粗快，必须将其拉至水平或下垂后再行缓放。缓放应掌握幼树缓平不缓直，缓弱不缓旺，盛果期树缓壮不缓弱，缓外不缓内的原则。

(3)疏枝。把一年生或多年生枝从基部去掉称为疏枝。

疏枝可以很好地改善冠内风光条件，削弱或缓和顶端优势，促进骨干枝条后部枝条、枝组的长势和花芽发育。疏枝主要是疏去树冠外围过多的一年生枝、过旺枝、轮生枝、过密的辅养枝或扰乱树形的枝条，无用的徒长枝、细弱枝、病虫枝等，大樱桃树不可一次疏枝过多，尽量不疏或少疏大枝，以免造成过多、过大的伤口而引起流胶或伤口干裂，削弱树势。疏除大枝的最佳时间是在果实采收后的6月中下旬。

(4)回缩。剪去或锯去多年生枝的一段称为回缩。适当回缩，能够促进枝条转化、复壮长势，促使潜伏芽萌发，主要用于结果枝组复壮和骨干枝复壮更新上。回缩的对象一般是生长过弱的骨干枝或缓放多年的下垂枝、细弱枝，后部光秃的、需要更新复壮的结果枝组。对一些内膛、下部的多年生枝或下垂缓放多年的单轴枝组，不宜回缩过重，应先在后部选择有前途的枝条短截培养，逐步回缩，待培养出较好的枝组时再回缩到位。否则若回缩过重，因叶面积减少，一时难以恢复，极易引起枝组的加速衰亡。

2.夏季修剪

是指从春季萌芽至秋季落叶以前这一时期的修剪，主要修剪方法有：刻芽、摘心、扭梢、拿枝、拉枝等。夏季修剪减少了新梢的无效生长，调节骨干枝角度，改善光照条件，使树体早成形、早成花、早结果。

(1)刻芽。在芽的上方，造一道横向的伤口，深达木质部，称为刻芽。刻芽能够提高萌芽率和成枝力，有利于培养健壮的中、小型结果枝组，是大樱桃早果丰产的一条行之有效的措施。刻芽的时间是在大樱桃芽膨大期，在芽的上方 0.5～1 厘米处，用钢锯条横拉一下，弧长为枝条周长的 1/3。甩放的大枝间隔 2～3 芽刻两侧芽，不刻背上和背后芽。中干延长枝在需发枝的部位进行刻芽促发长枝。

(2)摘心。在新梢木质化以前，摘除先端的幼嫩部分称为摘心。摘心可增加枝叶量，减少无效生长，促进花芽形成，提高坐果率和果实品质。摘心的时间和方法视目的而定。如果以扩大树冠，增加分枝，培养骨干枝为目的，可在新梢长到所需长度摘去 10 厘米左右，试验表明，摘心较晚，摘留长度较长，则促发分枝数较多。树势旺时，年内可摘心 2 次，但不要晚于 7 月下旬，否则新梢不充实易受冻而抽干，两次摘心可增加发枝数量。如果以抑制外围和背上新梢旺长促分枝，加速枝组培养和促花芽形成为目的，可在新梢长到 10～15 厘米时，留 5～10 厘米摘心，2 次新梢旺时，可连续摘心，往往当年即可成花，形成结果枝。开花坐果后，如抽生新梢过多，尤其是一部分短枝和中枝转化的长枝，必须及时摘心控长，以减少生理落果。

(3)扭梢。在新梢未木质化时，用手捏住新梢的中下部反向扭曲 180°，使新梢水平或下垂的，这种复剪方法称为扭梢。

扭梢通过改变新梢的生长方向，缓和枝势，促进花芽分化。扭梢过早，新梢柔嫩，尚未木质化，易折断。扭梢过晚，新梢已木质化，皮层与木质部易分离，也易折断。扭梢的最佳时间是新梢长到 20～30 厘米未木质化时进行，用手握住基部 5～10 厘米处，用手握住新梢轻轻旋转，伤及木质部和皮层但不折断。

（4）拿枝。对旺梢逐段捋拿，伤及木质而不折断称为拿枝。是控制一年生直立枝、竞争枝和其他壮营养枝的有效方法。5～8 月皆可进行，从枝条的基部开始，一只手将新梢固定，另一只手开始折弯，向上每 5 厘米弯折一下，直到先端为止。如果枝条长势过旺，可连续进行数次，枝条即能弯成水平或下垂状，经过拿枝，改变了枝条的姿势，削弱了顶端优势，使生长势大为减弱，有利于花芽分化。

（5）拉枝。用铁丝、绳等将枝条拉至所要求的方位和角度称为拉枝。通过拉枝，可以开张主枝角度，削弱极旺生长，缓和树势，促发短枝，促进花芽分化，防止结果部位外移。多年生枝每年春季树体萌芽后到新梢开始生长前这段时间拉枝，此时，各级枝条处于最软最易开角的阶段，不易劈裂，当年新梢以 9 月拉枝为好。拉枝时，绳索与被拉枝条间最好用胶皮等物垫一下，防止绳索或铁丝绞缢进枝内。拉枝要将枝条拉至水平，严禁出现弓背，造成背上冒条。

## (四)结果枝组的培养

1. 小型结果枝组的培养

当一个结果枝所处的空间较小或在主枝的先端及背上时,宜培养成小型结果枝组,方法是在生长季节进行连续摘心或扭枝,然后缓放,背上的强旺枝冬季进行极重短截,促发水平枝或斜生枝,生长直立的枝拿枝处理。

2. 大、中型结果枝组的培养

当一个枝处的空间较大时,冬季修剪先行中短截,一般能萌发 3～4 个枝,夏季对背上枝扭梢,水平或斜生的中长枝连续中度摘心,短枝缓放,第二年冬对强旺枝重或极重短截,中、短枝缓放。

## (五)不同年龄时期树的修剪

1. 幼龄树的修剪

幼龄期树一般指从定植到少量结果前这一时期,3～4 年,这个时期的主要修剪任务是培养树体结构,尽快扩大树冠,培养结果枝组,平衡树势,尽快完成幼树整形工作。

(1) 定植后第一年的修剪。苗木定植第一年,要经历一个“缓苗期”,长势一般不很旺盛。在这一年里,要根据整形的要求,进行定干,并选留好第一层主枝。

定干高度,要根据种类品种特性,苗木生长情况,立地条件及整形要求等确定。培养开心自然形时,定干高度 20～

40 厘米，培养自然纺锤形时，定干高度为 65 厘米左右。一般成枝力强树冠开张的种类和品种，以及平地、沙地条件下，定干宜高些；成枝力弱、树冠较直立的种类和品种，以及山丘地条件下，定干高度可稍低。定干后的苗木，发芽前，要在苗干近地面处，绑缚喇叭形纸套，上端扎紧，下端开口，以防大灰象甲爬到苗干上食害初萌发的嫩芽。

定干后，一般可抽生 3～5 个长枝。冬季修剪时，要根据发枝情况选留主枝。培养开心自然形时，要先选留好 2～4 个长势健壮、方位角度适宜的枝条，作为主枝。定干后的剪口枝进行重短截，及早开心，剪留长度 20 厘米左右。选作主枝的枝条，剪留长度一般为 40～50 厘米。强枝宜稍短，弱枝可稍长。

培养主干疏层形时，要先选留定干剪口下的直立壮枝，作中央领导干，剪留长度 50 厘米左右。再从其余枝条中，选留 2～3 个生长健壮、方位角度适宜的，作为主枝，剪留长度 40～50 厘米。

培养自由纺锤形的，要拉开主枝角度至近水平状态，中干延长枝的剪留长度，一般为 50 厘米左右。

定干后的苗木，如果分枝部位很低时，则可参照开心自然形的选枝要求和修剪方法，培养为丛状形。

(2)定植后第二年的修剪。经过 1 年“缓苗”之后，定植后第二年的大樱桃幼树一般可以恢复生长，并开始旺盛生长，在这一年里，要采取生长期修剪的措施，控制新梢旺长，增加分枝级次，促进树冠扩大。通过休眠期修剪，继续选留、培养好第一层主枝，开始选留第二层主枝和第一层主枝上的侧枝。

生长期修剪的具体方法是，6 月中旬前后新梢速长期，当新梢生长长度达到 20 厘米时，掐去嫩梢前端，使新梢加长生长暂趋停顿，促进侧芽萌发抽枝。如果新梢加长生长仍很旺盛时，可每隔 20～25 厘米，连续摘心几次。

休眠期修剪的具体方法，要根据幼树的生长情况灵活运用。如果第一年已选足了第一层主枝，并且经过第二年生长期摘心，分枝较多时，培养开心自然形的，即可在离主枝基部 60 厘米的部位，选择 1～2 个方位角度适宜的枝条，培养为一二侧枝，培养自由纺锤形的，要在维持中干延长枝剪留长度 50 厘米左右的同时，切实控制好竞争枝和主枝背上的旺长枝。

如果第一年没有留足第一层主枝，或者未行生长期摘心、分枝较少时，则要先选足第一层主枝，根据情况选留侧枝。

(3)定植后第三年至第五年的修剪。要根据整形的要求，继续选留、培养好各级骨干枝，要利用拉枝、撑枝等方法，调整骨干枝的开张角度，要维持好树体的主从关系，注意平衡树势，继续搞好新梢摘心，并开始培养结果枝组。

中干延长枝剪留 40～60 厘米，抹去剪口下 2～4 芽，一般能抽生 3～5 个长枝，方位、角度适宜的，可选作主枝，斜生、中庸枝条，缓放或轻短截，促使形成花芽结果。

大樱桃干性强，生长迅速，幼树期间要切实维持好树体的主从关系，均衡树体长势，特别是在培养小冠疏层形和自由纺锤形时，要严格防止上强，采用自由纺锤形整枝的，至3年生可基本完成整形。此后，可视树高适时开心，主枝长势强的，开心宜迟，主枝长势弱的，宜及早开心。

2.初果期树的修剪

大樱桃定植3～4年后即进入初果期，此期对于整形期间尚未完成树冠整形的树，要继续通过主枝延长枝或中干延长枝适度短截，选择适当部位侧芽或叶丛枝刻伤促萌，培养新的侧枝或主枝；对于树体高度已达到3米，下部主枝或侧枝长势已趋中庸健壮的树，可以在顶部一个主枝或顶部一个侧生分枝上落头开心。对于角度偏小或过大的骨干枝，仍需要通过拉枝或撑吊予以调整。对于整形期间选留不当、过多过密的大枝，以及骨干枝背上的大枝，要及时疏除。

要根据品种的生长结果特性，采取相应的方法培养结果树组。成枝力弱的品种，多选择骨干枝背上或两侧的中强枝条培养结果枝组。具体方法是：第一年留20厘米重短截，第二年，对先端枝条再短截作枝组带头枝，其下的枝条，过密者疏除，弱枝缓放，中庸枝条中短截促生分枝。第三年，疏除先端的强旺枝，缓放下部的中、弱枝。上一年缓放形成叶丛枝和中、弱枝，可在弱分枝处缩剪。这样培养的结果枝组，枝轴粗壮，枝组紧凑，分枝多，经济寿命长。成枝力强的品种利用中强枝培养结果枝组时，也要先行重短截，翌年发枝后，对新梢摘心促生分枝；第三年，疏除先端强枝，缓放中、弱枝条，培养为结果枝组结果。

3.盛果期树的修剪

大樱桃生长七八年后，进入盛果期，修剪的主要任务是保持中庸、健壮、稳定的长势，维持合理的群体结构和树体结构，维持结果枝组和结果树良好的生长结果能力。

在调整树体结构、改善冠内通风透光条件方面，主要是在采果后，对强旺直立挡光的大枝，紊乱树冠的过密多年生枝，以及后部光秃、结果部位外移出去的大枝，要本着影响一点去一点，影响一面去一段的原则，根据情况进行疏枝或缩剪调整，对于严重影响冠内通风透光条件，又无保留价值的直立强旺大枝，要从基部疏除。对于影响冠内局部通风透光条件，又有一定结果能力的多年生大枝，要在其角度比较开张，并具有生长能力的较大分枝处缩剪。具体处理时，高级次大枝应用疏枝的方法较多，低级次大枝，特别是骨干枝，则主要应用缩剪调整。

在维持和复壮结果枝组生长结果能力方面，对延伸型枝组来说，只要其中轴上的多年生短果枝和花束状果枝莲座叶发达，叶片中大，叶腋间形成的花芽饱满充实，坐果率较高，果个发育良好，则表明该结果枝组及其上的结果枝生长结果正常。对这种枝组可以采用缩放修剪法予以维持，放时以中庸枝带头，不必短截，缩时轻回缩到2～3年生枝段上，选中庸枝或偏弱的中枝带头，以保持稳定的枝芽量。当枝轴上的多年生短果枝和花束状果枝叶数减少，叶片变小，叶腋间的花芽也变小，坐果率开始下降时，则要及时轻回缩，选偏弱枝带头，或闷顶不留带头枝，以适当减少枝芽数量，维持和巩固中、后部的结果枝。切忌重回缩，减少结果部位，降低结果能力。对分枝型枝组来说，则要根据中下部的结果能力，经常在枝组前端的2～3年生枝段处缩剪，促生分枝，增强长势，增加中、长果枝和混合枝的比例，维持和复壮枝组的生长结果能力。

4. 衰老期的修剪

大樱桃自开始结果经过十七八年的时间，生长结果能力开始明显减退，甚至出现衰亡，因此，要根据情况在2～3年内，分批缩剪更新，促使骨干枝基部的潜伏芽萌发抽枝。缩剪后的大骨干枝，一般每缩剪部位能够抽生几个萌条，要从中选择1个长势健壮、方位角度适宜的，保留作为更新枝。其余枝条要尽早抹除，以促进更新枝生长，待更新枝生长到50厘米长时，适时摘心，促发二次枝，尽早形成新的树冠，恢复产量。

## 五、花果管理

### （一）花期授粉

大樱桃多数品种自花结实能力很低，需要异花授粉才能正常结果。大樱桃的开花期较早,常能遇到低温等不良天气。因此,栽培上为确保坐果,除建园时需合理配置授粉树外,每年花期都应进行辅助授粉,以促进坐果。实践证明,授粉对提高大樱桃的坐果效果显著,已经在大樱桃栽培区推广。

1. 人工授粉

大樱桃花量大,果农又尚未形成疏花的习惯,因此,要像苹果、梨那样通过采花取粉,然后人工点授的方法困难很大,也不太切合实际。生产上当前可采用制作两种授粉器,在不需要采花取粉的情况下进行人工授粉:一种是球式授粉器,即在一根木棍或竹竿(长短根据需要而定)的顶端,缠绑一个直径5~6厘米的泡沫塑料球或洁净纱布袋,用其在授粉及被授粉树的花序之间,轻轻接触擦花,达到既采粉又授粉的目的。球式授粉器适用于在分枝型结果枝组上授粉,但工作效率较低。另一种是棍式授粉器,即选用一根长1.2~1.5米,粗约3厘米长的木棍或竹竿,在一端缠上50厘米长的泡沫塑料,泡沫塑料外包一层洁净纱布,用其在不同品种的花朵上滚动,也可达到既采粉又授粉的目的。棍式授粉器适合于单轴延伸型结果枝组上应用,工作效率很高。自盛花期开始,要分2~3次进行,以保证开花期不同的花朵都能充分及时授粉。据山东福山、莱山等地的应用,花朵坐果率一般可提高10%~25%。

2. 利用昆虫访花授粉

(1)壁蜂。有角额壁蜂、凹唇壁蜂、紫壁蜂等品种，生产上以利用前两种为主，角额壁蜂，日本又称小豆蜂，是日本果园用作访花授粉最广泛的一种昆虫。1987 年由中国科学院生防室从日本引进，现已在山东烟台、威海等地推广。壁蜂具有春季活动早(3 月下旬至 4 月初)，适应能力强，活跃灵敏，访花频率高，繁育、释放方便等特点，是大樱桃园访花授粉昆虫中的一个优良蜂种。一般在果树开花前 5～7 天释放，将蜂茧放在果园提前准备好的简易蜂(巢)箱里，每公顷果园放蜂 1 500～3 000 头，放蜂箱 15～20 个。蜂箱离地 45 厘米左右，箱口朝南(或东南)，箱前 50 厘米处挖一条小沟或坑，备少量水，存放在穴内，作为壁蜂的采水场。一般在放蜂后 5 天左右为出蜂高峰，此时正值大樱桃始花期，壁蜂出巢活动访花时间，也正是大樱桃授粉的最佳时刻。

(2)蜜蜂。蜜蜂多为人工饲养，我国果农早有在果园饲养蜜蜂的习惯。但蜜蜂出巢活动的气温要求比壁蜂高，因此对开花期较早的大樱桃来说，授粉效果不如壁蜂，因蜜蜂是移动饲养且最初飞行的日子仅仅采访最近的花朵，因此，大樱桃一开始开花就应该将其引入果园。一般 0.4～0.667 公顷果园放置 1 箱蜜蜂为宜。

3. 其他有关辅助措施

花期前后喷尿素或低浓度的赤霉素，有助于授粉受精，提高坐果率。据山东烟台的果农试验,在大樱桃盛花期前后,喷布2次或1次尿素液,那翁花朵坐果率较对照分别高12.9%和5.9%;大紫分别提高21.8%和11.9%。花期前后喷低浓度的赤霉素效果也很好。据烟台芝罘区卧龙村在红丰和那翁两个品种上的试验,在4月19日(盛花期)和5月1日(脱裤期)各喷2次40~50毫克/千克的赤霉素,花朵坐果率红丰是对照的3.7倍,那翁是对照的2.4倍。

### (二)疏花疏果

大樱桃果个大小和果实品质,与叶面积之间呈正相关关系,因此,对于长势较弱、花果数量多的树,有必要疏除多余的花蕾和幼果。

1. 疏蕾

疏蕾,一般在开花前进行,主要是疏除细弱果枝上的小花和畸形花。每花束状果枝上,保留2~3个饱满花蕾即可。试验表明,在一定的疏花程度范围内,随着疏花程度的增加,结实率和单果重均相应提高。

疏蕾,尽管在改进果实品质方面有显著作用,但毕竟操作比较麻烦、费力。因此,最宜在冬季修剪剪除弱果枝的基础上,配合进行。

2. 疏果

疏果,一般是在5月中旬大樱桃生理落果后进行。疏果的程度,依树体长势和坐果情况确定。一般是1个花束状果枝留3～4个果实即可，最多4～5个。疏果时，要把小果、畸形果和着色不良的下垂果疏除。试验表明，疏果后，株产提高12%～22.7%，单果重增加3.8%～15%，花芽数量多，发育质量较好。疏果配合以新梢摘心措施，这些效应可进一步提高，株产提高44.9%，单果重增加48.3%，花芽数量多，发育质量好。

### （三）预防裂果

裂果是果实接近成熟时，久旱遇雨或突然浇水，由于果皮吸收雨水增加膨压或果肉和果皮生长速度不一致而造成果皮破裂的一种生理障害。裂果的数量和程度，因品种特性和降雨量而不同。研究认为，吸水力强、果面气孔大、气孔密度高，以及果皮强度低的品种，如艳阳、水晶、滨库等裂果重。在大樱桃果实发育的第三个时期（即第二次迅速生长期），裂果指数随着单果重的增加而增加。果实采收前，降雨量大或大量灌水时，会加重裂果。裂果严重降低其商品价值。因此，在生产上要采取措施减轻和防止裂果。

(1)选用抗裂果品种。从严格意义上讲，目前大樱桃尚未发现完全抗裂果的品种。在容易发生裂果的地区，可以选用拉宾斯、萨米特等比较抗裂果的品种。也可根据当地雨季来临的早晚，选用雨季来临果实已经成熟品种或中早成熟品种，如早红宝石、意大利早红、红灯、芝罘红等。

(2)维持相对稳定的土壤含水量。相关的研究认为，当根系主要分布层的含水量下降到10%～20%时，就会出现旱象，发生旱黄落果。如果这种情况出现在果实硬核至第二次速长期，遇有降雨或灌大水时，就会发生裂果。因此，大樱桃园10～30厘米深的土壤含水量，下降到田间最大持水量60%以前，就要灌水，并且小水勤浇，维持相对稳定的土壤含水量，这是防止裂果的关键。

(3)利用防雨篷进行避雨栽培。据日本资料，在防裂果措施中效果最好的是防雨篷，大体有4种形式，即顶篷式、帷帘式、雨伞式和包皮式。防雨篷用塑料薄膜作成，采用防雨篷保护性栽培，因见光不良，果实要晚熟2～3天。采用这种装置，可以较轻裂果和灰霉病的发生，能适时采收，提高品质。

**(四)预防鸟害**

成熟的大樱桃很易遭到鸟的取食，特别是有成片树林附近的樱桃园受害更重。

国外预防鸟害的方法较多，如美国大田樱桃园采取的措施有，采收前7天在树上喷杀虫剂来梭威，使害鸟忌避；用扩音器播出有害鸟惨叫声的录音磁带，把害鸟吓跑；用高频警报装置干扰鸟类的听觉系统。庭院樱桃采用的措施有，在树的前后左右悬挂黑线，鸟因不能看黑线，接触时便受惊飞去；悬挂稻草人；把发光的马口铁或锡箔放在树上随风摇曳，惊吓害鸟。但这些办法，时间长了，往往收效甚微。最常用最有效的方法是撒网，即在每棵树冠上架设网罩，将树体保护起来。

我国有鸟害的大樱桃产区，目前尚无更有效的防治方法，今后如能与各种类型的设施栽培相结合，当可收到良好的预防效果。

## 六、病虫害防治

### (一)主要病害及其防治

1. 樱桃褐斑病

(1)症状。主要危害叶片，也可危害新梢和果实。叶片发病初期形成针头大的紫色小斑点，以后扩大为圆形褐色斑，边缘红褐色或紫红色，直径 1～5 毫米。后期，在病斑上生长有灰褐色霉状物，中部干枯脱落，形成穿孔，边缘整齐。新梢和果实上的病斑与叶片上的病斑类似，空气湿度大时，病部也产生灰褐色霉状物。

(2)侵染规律病。原菌主要以菌丝体在病叶上越冬。翌春气温回升，遇有降雨时，形成分生孢子，借风雨传播，侵染叶片。一般 5～6 月即可发病，7～8 月间发病最重。发病轻重与树势强弱、降水量多少，以及立地条件等有关，树势弱，降雨量多而频繁，地势低洼，排水不良，树冠郁闭，通风透光差的果园，发病重；反之则轻。不同品种间，以大紫、小紫和红蜜等发病较重，佐滕锦、那翁和雷尼等发病轻。

(3)防治方法。①人工防治。加强果园的综合管理，改善立地条件，增强树势，提高树体抗病能力。越冬休眠期间，彻底清理果园，扫除落叶烧毁，消灭越冬菌源。②药剂防治。萌芽前全园喷5波美度的石硫合剂。落花后至采果前，根据降雨早晚和降雨量的多少，喷布1～2次70%代森锰锌可湿性粉剂600倍液，或70%甲基托布津可湿性粉剂1 000倍液；采果后，喷2～3次180～200倍的等量式波尔多液。

2.樱桃细菌性穿孔病

(1)症状。主要危害叶片，也危害枝梢和果实。叶片受害，初呈半透明水浸状淡褐色小点，后扩大成圆形、多角形或不规则形，直径2毫米左右，病斑变成紫褐色或黑褐色，周围有黄绿色晕圈。继后病斑干枯，易脱落穿孔。

(2)侵染规律。病原细菌在病叶或枝梢上越冬。翌春，随着气温的上升，在开花前后，细菌自病斑内溢出，通过雨水传播，经叶片的气孔、枝条及果实的皮孔侵入。叶片一般于5月开始发病，雨季为发病盛期。春季气温高、降雨多、空气湿度大时发病早而重。潜育期16℃为16天，20℃时9天，25～26℃时4～5天，30℃时8天。

(3)防治方法。①农业防治。加强土肥水管理，控制氮肥，增强树势，提高树体的抗病能力。②药剂防治。大樱桃发芽前，喷布一次1∶1∶100倍波尔多液，消灭越冬菌源。谢花后、新梢速长期，喷布25%叶枯唑可湿性粉500～800倍液、农用链霉素200国际单位，或77%可杀得101可湿性粉800倍液。采果后，喷1∶(1～2)∶200倍的波尔多液，可以收到良好的防治效果。

3. 樱桃叶斑病

(1)症状。主要危害叶片。叶片受害后叶脉间形成褐色或紫色近似圆形的坏死病斑,叶背产生粉红色霉,病斑联合可使叶片大部分枯死,造成落叶,叶柄和果实有时也能受害产生褐色斑。

(2)侵染规律。病原菌在病叶上越冬。春季转暖后,在子囊中形成子囊和子囊孢子,随风雨传播,造成侵染。潜育期1～2周,表现症状后产生分生孢子,进行多次侵染。

(3)防治方法。①人工防治。加强栽培管理,提高树体抗病性,冬春季节,彻底清除病落叶,消灭越冬菌源。②药剂防治。萌芽前全园喷一次5波美度石硫合剂;谢花后至采果前,喷布1～2次70%代森锰锌600倍液;采果后喷布1∶(1～2)∶(180～200)倍的波尔多液2～3次,可以有效地控制叶斑病的危害。

4. 根癌病

(1)症状。主要发生在根颈处,有时也发生在粗侧根上。发病初期,被害处形成灰白色的瘤状物,光滑柔软,随果树生长,瘤体不断增大,表面渐变为褐色至深褐色,表面粗糙或凹凸不平。患根癌的病株,由于树势较弱,长梢少,往往形成大量短枝并形成大量花芽,根癌较轻时,可正常开花坐果,且坐果率很高,但花期略晚,展叶亦迟,果实可正常发育。根癌较重时，花期更晚，展叶更差，坐果率低，果实发育中途大量脱落，只有少部分发育至成熟，但果个小、品质差。病树生长缓慢，树势衰弱，抗性降低，渐至死亡。

(2)发病规律。根癌病是一种细菌性病害，病原菌到癌瘤组织内越冬，或在癌瘤破裂脱皮时进入土壤越冬。降雨或灌溉，是病原细菌传播的主要途径。地下害虫在传播上，也有一定的作用。土壤湿度大，有利于发病，土温在22℃时，最适于癌瘤的形成。碱性土、土壤黏重、排水不良时，发病重。中国樱桃作砧木很少发病，酸樱桃、山樱桃、实生甜樱桃发病重，考特砧发病尤重。

(3)防治方法。选用抗病砧木。宜以中国樱桃作大樱桃砧木，尤以大叶草樱桃最好。严格检查出圃苗木，淘汰烧毁病苗，健苗用3～5波美度石硫合剂或用根癌宁(K84)生物农药30倍液浸根30分钟。对已患病植株，用利刀将癌瘤切除干净，伤口用K84 30倍液或5波美度石硫合剂涂抹保护。最后每株再灌根癌宁(K84)30倍液或10%双效灵200倍液。

5. 根颈腐烂病

(1)症状。危害根颈部，以后逐渐蔓延到较粗侧根的基部，病部先出现水浸状褐色病斑，皮层组织受到破坏，逐渐溃烂，后蔓延扩大，最后形成层腐烂。导致树势衰弱，花量增多，但坐果率甚低，果个变小，致使整树死亡。

(2)侵染规律。真菌病害，该病多发生在5～15年生初果期树和初盛果期树，病菌由根颈部的伤口侵入，逐渐向地下根系蔓延。该病的发生与甜樱桃品种、砧木、立地条件及气候条件有关。先锋品种容易生病；小叶类型中国砧木发病重，大叶类型中国樱桃砧木很少发病；用种子繁殖的砧木发病重，用压条繁殖的砧木发病轻；土壤黏重，排水不良的果园发病重；土质疏松，排水透气好的果园发病轻；高温、多雨、多大风的年份，发病重。

(3)防治方法。搞好果园土壤改良和平整工作，使土壤不积涝，保持良好的通透性，以减轻发病程度。防治土壤害虫。做好蛴螬等土壤害虫的防治工作避免和减轻伤及根系，减少病菌的侵入通道。选用营养繁殖的根系发达的大叶类型中国樱桃作砧木。及时检查树势变弱的植株，发现根部罹病，立即治疗，在病部用利刀纵向平划数道间距3毫米左右，深达木质部，涂以50倍的胂平液（1份40%福美砷、0.5份平平加、50份水）连抹两遍，也可用石硫合剂涂抹。

6.流胶病

(1)症状。患病树自春季开始，在枝干伤口处以及枝杈夹皮死组织处溢泌树胶，流胶后，病部稍肿，皮层及木质部变褐色腐朽，腐生其他杂菌，导致树势日衰，严重时树干枯死。

(2)发病规律。流胶病是大樱桃的一种生理病害，多从6月份开始发生，采果后，随着雨季的到来，尤其是新梢停长后，经过长期干旱偶降大雨或大水漫灌时，流胶更重，土壤黏重、长期过于潮湿或积水均易引起流胶，偏施氮肥也易引起流胶。枝干病害、虫害、冻害、日烧及其他机械造成的伤口也易引起流胶。

(3)防治方法。加强栽培管理，增施有机肥，改善土壤结构。配方施肥，控制氮肥用量。雨季及时排水，严防园内积水。改变灌水制度，采取滴灌、渗灌或沟灌，避免大水漫灌。防治枝干病虫害，预防冻害、日烧等，尽量减少机械伤口，修剪造成的较大伤口涂保护剂。对已发病的枝干及时彻底刮治，涂抹5波美度的石硫合剂，再在伤口涂保护剂如铅油或动物油脂或黄泥，伤口也可以用生石灰10份、石硫合剂1份、食盐2份、植物油0.3份加水调制成的保护剂进行涂抹。

7. 枝干干腐病

(1)症状。枝干干腐病多发生在枝龄较大的主干和主枝上。发病初期，病部微肿，表面湿润。病斑长形或不规则形，常渗出茶褐色黏液，俗称"冒油"。病部常仅限于皮层，衰老树上也可深达木质部。此后，病部逐渐干枯、凹陷，呈黑褐色，并出现较大裂缝。发病后期，病部表面生有大量梭形或近圆形的小黑点(分生孢子器或子囊壳)。

(2)侵染规律。病原菌以菌丝体、分生孢子器和子囊壳等，在枝干的病组织内越冬，翌年4月间产生孢子，借风雨传播，经伤口或皮孔侵入。潜育期6～30天。温暖，多雨气候利于发病;高温时,发病受到抑制。

枝干干腐菌为一种弱寄生菌,树势弱时,发病重。树龄较大,管理粗放时,易发病。

(3)防治方法。加强综合管理,增强树势,提高抗病能力;加强树体保护,减少和避免机械伤口、冻伤和虫伤,及时剪除枯枝。发现病斑及时刮治,并用石硫合剂原液或50倍的福美胂液消毒。早春发芽前全树喷布5波美度石硫合剂,生长季节喷1∶2∶200倍波尔多液2～3次进行树体保护。

8.病毒病

(1)症状。甜樱桃感染病毒病后,不仅影响树体生长,影响产量、品质,也影响树体的寿命。病毒引发的明显症状有整株枝条节间缩短、丛枝;叶脉白化、失绿黄化、小叶、花叶、小叶皱缩、卷叶、叶焦枯、枝干裂性溃疡、粗皮、小果等。

(2)侵染规律。樱桃病毒病害近70种,但最主要的是核果坏死环斑病、矮缩病和樱桃小果病、可以单独浸染,但更多的是2种或多种复合侵染。病毒病常有隐症现象,温和性病毒单一侵染,而且气温较高,甜樱桃自身抗病性强时,一般不会表现症状,受害也轻。反之,如果是强株系或重合侵染,气温较低,加之植株抗病性差,症状会明显表现,危害也比较严重。甜樱桃病毒病的传染源主要有带毒土壤、种子、繁殖材料、昆虫和其他感病植物,传播途径有嫁接传播、昆虫传播、花粉传播、田间操作传播等。

(3)防治方法。采用组培技术，培育脱毒苗木。及时处理田间病株，已经发现或经确认的病株实行严格隔离，病株量少或严重时就挖除。加强田间管理，增施有机肥料，提高树体抗性。防虫抑病，搞好土壤消毒，减少或消灭土壤线虫，田间的绿盲蝽、蚜虫等害虫，应及时喷药防治。

### (二)主要害虫及其防治

1. 红颈天牛

红颈天牛又名哈虫，属鞘翅目、天牛科，是危害大樱桃的重要枝干害虫。以幼虫蛀食树干和大枝，幼虫先在皮下蛀食，后钻入木质部，深达树干中心，在枝干中心蛀成孔道。呈不规则形，在蛀孔外堆积有木屑状虫粪，易引起流胶，被害树长势衰弱，严重时可造成大枝甚至整株死亡。

(1)形态特征。红颈天牛成虫体长 26～37 毫米，除前胸板为棕红色外，其余均为黑色。前胸前、后绿黑色，具细小横皱纹，两侧各有 1 个短小锐利刺突出，背部有 5 个突起。卵乳白色。长椭圆形，长 1.5 毫米左右，幼虫体长 42～50 毫米，初孵乳白色，老熟时略带黄色，后半部圆筒形。前胸背板前缘中间有 1 个长方形棕褐色突起。

(2)生活习性。红颈天牛 1 年发生 2～3 代，以幼虫在树干的隧道内越冬。春季树液流动后越冬幼虫开始危害，4～

6月间，老熟幼虫在隧道内以分泌物黏结粪便和木屑做茧化蛹，蛹期约20天。6～7月间成虫羽化，刚羽化的成虫先在蛹室内停留3～5天，然后钻出。一般多在降雨后出现，喜欢栖息于树干。成虫白天活动，尤其是中午前后更为常见，可远距离飞行寻找配偶和产卵场所。成虫将卵产于主干和主枝基部的翘皮裂缝中，以距地面30厘米范围内最多。每只雌红颈天牛可产卵40～50粒。产卵时先将树皮咬一方形小口，然后将卵产在裂口下。卵期8～9天。孵化幼虫蛀入皮层内，随虫体增长逐渐深入蛀食。第一年幼虫多以3龄越冬，第2年继续为害，6月份前后为害最重。

(3)防治方法。成虫羽化前，在枝干上涂涮用10份生石灰、1份硫黄、40份水调制而成的白涂剂，防止成虫产卵。在成虫发生期内，利用成虫中午多静伏在枝干上的习性进行人工捕杀。小幼虫于皮下危害期间，发现虫粪，即行人工挖除。或用80%敌敌畏乳油800倍液，或50%辛硫磷50倍液，或20%氰戊菊酯20倍液注入虫道内，每虫道10毫米药液，用泥封堵药杀之。

### 2. 金缘吉丁虫

串皮虫，属鞘翅目、吉丁虫科。幼虫蛀入树干皮层内纵横串食。幼树受害部位树皮凹陷变黑。大树虫道外表皮不显症状，但由于树体输导组织被破坏，因而树势衰弱，枝条枯死。

(1)形态特征。成虫体长15毫米左右。全体蓝绿色，具金属光泽。前胸背板中央有1条黑斑。两侧各有两条长形斑。鞘翅上有数行深蓝色断续条纹，边缘金黄色，稍具红色。卵乳白色，长2毫米左右。幼虫体长36毫米左右。体型扁平，腹部细长，全体黄白色。

(2)生活习性。一般一年发生1代，以大龄幼虫在被害部内越冬。老熟幼虫于3月下旬开始准备化蛹，先在枝干木质部做一个椭圆形蛹室，在蛹室内变成预蛹，预蛹期10天左右，蛹期15～30天。羽化的成虫因气温尚较低，都留在蛀道内。至5～6月间，成虫向外咬一扁圆形的通道孔爬出来食害树叶。成虫多在晴天中午前后气温较高时活动，早晚和阴雨天静伏在叶背面，受惊扰即假死落地。羽化后10天左右开始产卵，寿命约30天。卵多产于树干或大枝粗皮裂缝中，以阳面居多。每雌虫可产20～40粒，卵期10天左右，6月下旬为孵化盛期。幼虫孵化后即蛀入皮层下危害，随虫龄增大蛀食部位逐渐加深，可达韧皮部、形成层及木质部。虫粪粒细，塞满蛀道。

(3)防治方法。及时清除死树及死枝，减少虫源。成虫发生期，清晨利用假死性振落扑杀，或用黑光灯诱杀。冬季或早春刮除老树皮，杀灭蛀入树皮的小幼虫，或4～5月间，沿虫道(皮部柔软处)用刀挖出皮下幼虫。6月羽化盛期往虫道内注射 80%敌敌畏乳油 10 倍液，消灭羽化成虫。

3. 梨小食心虫

主要危害大樱桃嫩梢，有时也危害晚熟大樱桃果实，危害新梢先端，多从新梢上部叶柄基部蛀入髓部，向下蛀至木质化处即转移，蛀孔流胶并有虫粪，被害新梢先端枯萎，严重影响甜樱桃生长发育。

(1)形态特征。成虫体长 5～7 毫米，翅展 11～14 毫米，暗褐至灰黑色。前翅灰黑色，前缘有 10 组短斜纹，中央近外缘 1/3 处有一明显白点，翅面散生灰白色鳞片，后部近外缘约 10 个小黑斑，后翅浅茶褐色。两翅合拢，外缘呈钝角。足灰褐色，各足跗节末为灰白色，腹部灰褐色。卵扁椭圆形，中央隆起，直径 0.5～0.8 毫米，表面有皱褶，被乳白色，后淡黄色，幼虫体长 10～13 毫米，淡红至桃红色，腹部橙黄、头褐色。蛹长 7 毫米，黄褐色，渐变为暗褐色，腹部 3～7 节背面有 2 排横列小刺，8～10 节各生一排稍大刺。腹末有 8 根钩状臀棘。茧丝质、白色，长椭圆形，长约 10 毫米。

(2)生活习性。一般一年发生 3～4 代。越冬代成虫出现期，一般为 4 月下旬至 6 月下旬，但因气温高低也有提前或拖后，以后各代交差不齐。越冬老熟幼虫多在树干基部接近地面和树干与较粗主枝背面翘皮下做茧。早春成虫羽化后产卵于大樱桃叶的背面，每叶多为 1～2 个卵，卵期一般 4～6 天，

5月中旬孵化为幼虫危害桃梢，被害桃梢先端枯萎。幼虫5月底即老熟，从枝梢及果实脱出，进行化蛹做茧越冬。6月中旬出现第二次蛾，继续危害嫩梢和果实，主要是此代幼虫危害大樱桃晚熟品种的果实。危害嫩梢的，多为越冬代幼虫的3～4代幼虫。

(3)防治方法。休眠期刮除老翘皮，消灭越冬幼虫。8月份在主干上绑草把，诱集越冬幼虫，于冬季取下烧毁。在成虫发生期夜间用黑光灯，或用频振式杀虫灯诱杀，或在树冠内挂糖醋液盆诱杀，糖醋液配制比例，红糖5份，醋20份，水80份。4～6月每50～100米$^2$设一性诱剂诱捕器诱杀成虫。幼虫危害期间全园喷洒20%甲氰菊酯乳油2 000倍液，20%速灭杀丁乳油3 000倍液。采用松毛虫赤眼蜂寄生梨小食心虫的第一、第二代卵，卵寄生率在85%以上，梨小食心虫密度显著减少。

4.绿盲蝽

绿盲蝽是大樱桃产区发生危害日趋严重的一种害虫。若虫和成虫以刺吸式口器危害大樱桃的幼叶和花果，春季大樱桃花芽开绽后，若虫危害正在展开的幼叶，被害叶形成许多不规则孔洞；大樱桃幼果被害后，由吸吮口溢出红褐色胶状物，以后被害果以吸吮孔为中心，开始形成表面凹凸不平的木栓组织，状似果点爆裂，随果实膨大成熟，形成锈疤或硬疔。

(1) 形态特征成。虫体长5.0～5.5毫米。雌虫稍大，体黄绿至浅绿色，头短，近似钝三角，复眼黑褐色。触角四节，比体驱短，黄褐色，尖端色渐浓，第二节长约为三、四节的总和。前胸前缘广有脊棱，上有微弱的小刻点，前翅绿色，膜质部暗灰色，体背圆凸，胫节刺黑色，卵散产于植物组织内，长1毫米左右。初产时白色，后成淡黄色，孵化前靠近卵盖基部左右两侧再现两个红色小点。卵形似茄子，长弯曲圆筒形，端部尖，中前部粗，后部渐细，虫共为5龄，初孵化虫短而粗圆，体色浅黄色，取食后呈绿或黄绿色，3龄若虫开始生翘芽，5龄体色呈绿色，体上有黑色细毛，触角淡黄色，末端渐浓，足绿色，跗节末端与爪黑褐色。

(2)生活习性。一年发生4～5代，以卵在大樱桃树顶芽鳞片内和果园内水分含量较高的植物组织内部越冬。翌年4月上旬冬卵开始孵化，先危害越冬植物的幼嫩梢叶，4月下旬是若虫盛发期，随越冬寄主的老化，大批2～3龄若虫迁徙到大樱桃上危害幼嫩的梢叶。5月上中旬开始羽化成虫，5月中旬进入成虫羽化盛期，进入5月下旬后，随新梢老化，成虫开始迁徙到组织幼嫩的植物上危害并在此产卵。以后在园内寄主上危害繁殖3～4代，最后一代于9月中旬开始羽化成虫，10月上旬进入成虫羽化盛期，部分成虫开始迁移至果园内，在寄主上危害，并产卵越冬，10月中旬进入产卵盛期，到11月中旬成虫死亡。越冬代成为翌年的虫源。

(3)防治方法。消灭越冬卵。冬前或早春清理果园，清除园内及寄主周围的杂草，结合施基肥和冬刨深埋地下，可消灭寄主上的越冬卵。药剂防治。4 月中下旬(避开花期)在杂草及树上喷布 48%乐斯本乳油 1 200 倍液，或 10%吡虫啉 3 000 倍液。10 月上中旬越冬代成虫产卵期喷布一次 48%乐期本乳油 1 200 倍液或 10%氯氰菊酯 1 500～2 000 倍液，杀死虫卵。

5. 苹果透翅蛾

苹果透翅蛾又名旋皮虫或粗皮虫。此虫主要危害大樱桃多年较粗的骨架枝，危害后引起流胶，使树势衰弱。

(1)形态特征。成虫体长 12～16 毫米。全体黑色，具蓝色光泽。前后翅均透明，腹部有两个黄色环纹。卵椭圆形，乳白色或淡黄色。体上散生短毛，头、尾部绒毛较长。

(2)生活习性。此虫每年发生一代，以幼虫在皮层内越冬，翌年 4 月上旬开始，开始继续扩大危害，被害部位有红褐色粪便排出。幼虫 6 月上旬至 7 月上旬老熟，老熟幼虫在化蛹前先咬一个圆形的羽化孔，但不咬破表皮，然后吐丝缀粪便，以木屑作茧化蛹，蛹期两个星期左右。6 月上旬至 7 月下旬，是成虫发生盛期，成虫羽化后，将蛹壳带出一部分，露于羽化孔外。成虫白天活动，产卵于树干或大枝缝隙内，每次仅产卵一粒。7 月幼虫孵化蛀入皮层危害，随幼虫成长，使危害部位逐渐扩大。8 月中旬以后，开始停止取食。

(3)防治方法。在树干上发现有褐色粪便时,用小刀挖除皮层下的越冬幼虫。成虫羽化盛期枝干上喷布30%桃小灵乳油2 000倍液,消灭成虫和初孵幼虫。

6.桑白蚧

属同翅目、盾蚧科,又名桃白蚧、桑盾蚧等。以若虫和雌成虫群集枝条上刺吸汁液,主要危害大樱桃2～3年枝,被害处稍凹陷,严重时枝条萎缩干枯,以至整株死亡。

(1)形态特征。雌成虫体阔椭圆形,扁平,橙黄色或淡黄色,腹部分节明显,每节侧缘突出呈圆形侧瓣。臀板背面约有60个圆柱形腺管,排成两行。臀针3对。生殖孔周围有5组盘状腺孔。介壳近圆形,背面隆起,白色或灰白色,壳点橙黄色,偏于一旁。雄成虫橙黄色或橘红色。前翅1对,膜质,后翅退化成平衡棍。足细长多毛,腹末有1对针头交尾器。雄介壳长形,背面有3条突出的隆脊,白色或灰白色。壳点橙黄色,偏于前方边缘上。卵椭圆形,橙黄色或淡黄褐色。初孵若虫扁椭圆形,淡黄褐色。蜕皮后开始化泌介壳。雌雄明显,雌若虫椭圆形,橘红色。雄若虫体型稍大,暗黄色。

(2)生活习性。一年发生3代,以成熟孕卵的雌成虫越冬。翌年4月中旬至5月上旬产卵于介壳中的母体下方或后方。小若虫孵出后,从盾壳下爬出,分散到枝条,芽腋及叶柄处定居取食,足失去作用不再爬动。一、二、三代若虫的出现期分别在5月、7～8月间和9月。雌虫2龄时形成介壳,经过

3 次蜕皮而成熟，卵产于介壳之下，卵量百粒左右。雄若虫只经 2 次蜕皮就化蛹。雄成虫口器退化不取食。

(3)防治方法。冬季或早春，人工刮刷树皮，消灭桑白蚧越冬雌虫体。大樱桃发芽前，全园喷布 5 波美度石硫合剂。5 月中旬第 1 代若虫出壳期，喷 48%乐斯本乳油 1 000 倍液，或 52%农地乐 1 200 倍液。

7. 苹小卷叶蛾

俗称舔皮虫。幼虫吐丝缀连叶片，潜居缀叶中食害，新叶受害特重，当树上有果实后，常将叶片缀贴在果实上，幼虫啃食果皮及果肉，果肉吃成不规则的片状坑洼。

(1)形态特征。成虫体长 6～8 毫米，翅展 13～20 毫米，全体棕黄色。前翅斑纹褐色，基斑色较淡，中带上半部狭窄，不半部向外侧显著增宽，或下半部分二叉，似倾斜的“h”，端纹扩展到臀角，形成一个暗色三角形区。后翅浅灰褐色，缘毛灰黄色。卵椭圆形，稍扁，直径约 0.7 毫米，初为浅黄色，孵化前深灰色数十粒呈鱼鳞状排列成块状。幼虫体长 13～17 毫米，浅绿或翠绿色，头淡黄绿色，头侧后缘处单眼区上方有一褐色斑纹，前胸盾浅黄褐色，臀木栉 6～8 齿，蛹体长 9～10 毫米，黄褐色，腹部第二至七节背面有二横列突起，尾端具有 8 个钩状刺的臀棘。

(2)生活史。苹小卷叶蛾一年发生 3 代，以幼虫在枝干的粗皮裂缝、剪锯口、翘皮或草绳、落叶等处作白色小茧越冬，次年4月下旬，越冬幼虫开始出蛰，4月下旬为出蛰盛期，5月上旬全部出蛰。幼虫出蛰后，爬到新梢上卷叶危害，5月中旬越冬代幼虫开始化蛹，蛹期8～11天，5月底至6月初，越冬代成虫开始羽化，6月中旬为羽化盛期，产卵在叶片上，卵期7天左右，7月上旬，第一代幼虫已全部孵化，幼虫极活泼，一经触动就迅速倒退或吐丝下垂，刚孵化的幼虫，吐丝把两片树叶缀起黏和在一起，在里面食叶肉。7月中下旬至8月下旬，第二代幼虫孵化，8月下旬至9月初开始羽化，9月中旬为羽化盛期，成虫出现后2～3天产卵，可持续1～2天，卵期6～10天，幼虫期8～26天，这代幼虫危害不久，即开始作茧越冬。

(3)防治方法。早春彻底刮除老翘皮，剪除树上的干橛，集中烧毁。5月上旬越冬的幼虫卷叶危害时，以及5月下旬幼虫化蛹时，人工摘除卷叶，消灭幼虫和蛹。在4月中旬越冬幼虫出蛰盛期前，及5月中旬越冬代幼虫转叶化蛹前，各喷1次30%灭幼脲3 000倍或24%美满悬浮剂6 000倍。利用成虫的趋化性、趋光性、挂糖醋液、装设黑光灯诱杀成虫。在越冬代成虫产卵盛期，用松毛虫、赤眼蜂防治效果很好，方法是：根据苹小卷叶蛾性外激素诱捕器诱蛾数，在成虫出现高峰后，第3天开始放蜂，以后每隔5天放蜂1次，共放蜂4次。

8. 舟形毛虫

以幼虫群集叶面吸食叶肉，将叶片啃食成缺刻，以致全叶被食仅留叶柄，常造成全树叶片被食光，不仅影响产量，而且易造成二次开花，严重影响树势及来年产量。

(1)形态特征。成虫体长25毫米左右，全体淡黄白色，前翅有不明显的浅褐色波纹，近基部有银灰色和紫褐色各半的斑纹，近外缘有6个同色斑纹。卵黄白色至灰褐色，圆形，幼虫体长50毫米左右，全体紫黑色，生有黄白色长毛。头部黑褐色，静止时，头、尾翘如船形。

(2)生活习性。每年发生1代，以蛹在寄主根部附近约7厘米深处土层内越冬，翌年7月上旬至8月中旬羽化出成虫，7月中旬为羽化盛期，成虫昼伏夜出，具较强趋光性，交尾后1～3天产卵，卵多产在叶背面，每头雌蛾产卵1～3块，平均产卵300粒，最多者可达600粒以上，卵期7～8天。3龄以前的幼虫群集在叶背危害，早晚及夜间取食，群集静止的幼虫沿叶缘整齐排列，且头尾上翘，迂振动或惊扰则成群吐丝下垂，3龄以后渐散成小群取食，白天多停息在叶柄上，老熟幼虫受惊扰后不再吐丝下垂。幼虫在4龄前食量较少，5龄剧增，9月份幼虫老熟后陆续沿树干爬下树，入土化蛹越冬。

(3)防治方法。幼虫栖居一起危害的时期，人工摘除虫叶，将群栖幼虫杀死。利用成虫趋光性，夜晚用黑光灯或频振式杀虫灯诱杀之。幼虫危害期，喷布30%桃小灵乳油2 000倍液或20%速灭杀丁1 000倍液。

9.草履蚧

草履蚧属同翅目、蚧科。主要危害樱桃嫩枝和叶片，严重时也危害幼果，以雌成虫和若虫吸食树体汁液，使树势发育不良，降低果实产量和品质。

(1)形态特征。雌成虫体长10毫米，椭圆形，背面隆起似草鞋，浅紫灰色，被白蜡粉，触角丝状黑色，胸足发达，有3对，黑色。雄成虫体长5～6毫米，头、胸黑色，腹部紫褐色，触角念珠状，黑色，复眼球形突出黑色，翅1对，灰黑色。卵椭圆形，长1～2毫米，淡黄至褐色，光滑，产于卵囊内，每卵囊含卵百余粒，卵囊长椭圆形，白色，蜡质绵状。若虫体形与雌成虫相似，体小色深，雄蛹5毫米，褐色，圆筒形，外被白色绵状物。

(2)生活习性。一年发生1代，以卵在树干基部的土壤中越冬，翌年2月上旬至3月上旬孵化。大樱桃树萌芽时，上树聚集危害嫩枝和嫩芽，虫体分泌蜡粉，雄若虫蜕皮2次后，集中在根际土壤中，或老树皮裂缝中化蛹。雌若虫经3次蜕皮后，变为成虫。雌雄交配后，雄虫死去。5月下旬至6月上旬，雌虫开始下树入土，先分泌白色棉絮状卵囊，卵产于其中，越夏并越冬。

(3)防治方法。休眠期在树干周围土中挖除絮状卵囊。2月上旬在树干上涂抹10～15厘米宽的杀虫油剂，毒杀上树若虫，配方是：废黄油和废机油各半，加热熔化加入少量乐果乳油。若虫期喷布30%桃小灵乳油3 000倍液，或48%乐斯乐乳油1 000倍液，或52%农地乐乳油1 200倍液。

10. 大青叶蝉

大青叶蝉又名大绿浮尘子。以成虫和若虫刺吸寄主的枝、梢和叶片汁液。成虫产卵使枝条遍体鳞伤，大量失水，易受冻，导致枝条死亡，严重时，会使幼树整株死亡。

(1)形态特征。成虫体长 7～10 毫米，黄绿色，前翅蓝绿色，半透明。后翅及腹部背面灰黑色。卵长圆形，稍弯曲。长约 1.6 毫米，乳白色，近孵化时黄白色。若虫初孵灰白色，头大，腹小，3 龄后体色转黄绿色，并出现翅芽。

(2)生活习性。每年发生 3 代，前 2 代主要危害杂草和玉米、高粱、蔬菜等作物，第三代成虫 10～11 月间在幼龄樱桃或其他果树林木的树干或苗木上产卵越冬。产卵时，产卵器划破树皮，造成新月形伤口，产卵 7～8 粒，斜竖其中，伤痕隆起。严重时树干上伤痕累累，遍体鳞伤，使幼树或苗木易受冻害，失水转化。

(3)防治方法。彻底清除果园内外和苗圃地的杂草，减少危害和繁殖场所。10 月中旬成虫产卵前，在树干上涂白，忌避成虫产卵。人工挤压，消灭隆起的越冬卵。发生危害期，喷布 50%对硫磷乳油 2 000 倍液，或 20%氯氰菊酯 1 500～2 000 倍液。

11. 金龟子类

危害大樱桃的主要有苹毛金龟子和黑绒金龟子。它们啃食花蕾、花器、嫩枝、幼芽，有的还危害根系。

（1）形态特征。

①苹毛金龟子。成虫体长10毫米左右。头和胸部背面，均为紫铜色。腹部两侧有明显的黄白色毛丛。翅鞘紫褐色，具光泽，且可透见呈“V”字形折叠的后翅。卵椭圆形，乳白色，表面光滑，幼虫体长15毫米左右，头部黄褐色，胸、腹部乳白色。

②黑绒金龟子。成虫体长8～9毫米，宽5～6毫米。卵圆形，全体密被黑色绒毛。卵椭圆形，乳白色，有光泽。幼虫体长16毫米左右，头部黄褐色，胸部乳白色，被有黄褐色细毛。

（2）生活习性。

①苹毛金龟子。1年发生1代，以成虫在土壤的蛹室内越冬。翌年4月上中旬大樱桃萌芽时，越冬成虫开始出蛰，先在园周围的榆树和柳树上为害。大樱桃花期，转移到樱桃树上啃食花蕾和花朵。发生严重时，会将花和嫩叶全部吃光。成虫白天活动，中午前后取食最盛。有假死性，无趋光性，成虫危害按树种的开花顺序，依次由樱桃向梨和苹果树上转移。苹果谢花后，开始入土产卵。幼虫孵化后，取食根茎，秋季化蛹，成虫羽化后，当年不出土，在蛹室内越冬。

②黑绒金龟子。1年发生1代，以成虫在土壤内越冬。越冬成虫于3月下旬至4月上旬开始出土，4月中旬为出土高峰，6月份出土结束，出土后，先在发芽早的杂草或杨、柳、榆

树上，取食幼芽和嫩叶。大樱桃树发芽后，大量转移到樱桃树上，咬食幼芽、嫩叶和花蕾。成虫在傍晚和夜间活动，有趋光性和假死性。谢花后，开始入土产卵。幼虫孵化后，在地下取食幼根，潜伏土中越冬。

(3)防治方法。利用假死性，早落用震落法捕杀成虫。成虫发生期，树上喷布50%对硫磷乳油1 000～1 500倍液，或30%桃小灵乳油2 000倍液，或20%氰戊菊酯1 500～2 000倍液。成虫出土前，地面撒施5%辛硫磷颗粒剂，每亩撒施2千克，撒后，浅锄地面，毒杀出土成虫或初孵幼虫。

12. 朝鲜球坚蚧

以若虫和雌成虫在枝条和叶片上吸食汁液，影响开花、坐果和树体发育。

(1)形态特征。雌成虫介壳半球形，直径3毫米，长4.5毫米，高3.5毫米，初期介壳质软，黄褐色，后期硬化变黑褐色，有光泽。雄成虫体长2毫米，赤褐色，有发达的足和1对半透明的前翅。雄虫介壳由蜡质层构成，长椭圆形，薄而有光泽，卵椭圆形，长0.3毫米左右。粉红色，半透明，附着一层白色蜡粉。若虫初孵椭圆形，体长0.5毫米左右，淡粉红色。

(2)生活习性。1年发生1代，以2龄若虫在枝条原固着危害处越冬，虫体上覆有白色蜡质物。翌年3月上中旬，越冬若虫爬动，另找适当场所固着危害，并分化为雌雄两性。雌虫交配后迅速膨大呈半球形。雄虫分泌白色蜡质覆盖，并开始化蛹，4月下旬羽化，与雌虫交尾后不久即死去。5月下旬至6月下旬雌虫产卵后，虫体逐渐干缩，壳内充满卵粒。7天左右卵孵化，小若虫爬行1～2天后固定在枝条上危害，9～10月蜕一次皮后越冬。

(3)防治方法。剪除有虫枝条，或冬春刷除越冬若虫。大樱桃萌芽前，喷布1次5波美度石硫合剂，或含油量5%的柴油乳剂，药杀越冬出蛰若虫。若虫发生期，喷布48%乐斯本乳油1 200倍，或10%氯氰菊酯1 500～2 000倍液，或30%蜡蚧灵乳油1 500倍液，这是全年防治的关键时期。保护天敌，特别是黑缘红瓢虫。

**(三)缺素症**

大樱桃在生长发育过程中，既需要大量元素，也需要微量元素。当树体缺乏某种元素时不能正常生长发育，就表现出病症。在肥料种类上给于补充，可缓解其症状恢复正常生长。但各种元素之间，有时存在相助或颉颃作用，如氮、钙、镁间有相助作用，当一种元素增加会有利于其他两种元素的吸收。而磷、钾、镁之间则有颉颃作用，当土壤中磷过量时，如果不增施钾、镁，树体就会减少对钾、镁的吸收，而表现出缺钾、缺镁的症状。

缺氮症：叶片淡绿，较老的叶片呈橙色或紫色，早期脱落。花芽少且质差，果少且小，果实高度着色。可单独追施氮肥。

缺钾症：叶片边缘枯焦，从新梢的下部逐渐扩展到上部，中夏至夏末在老树的叶片上先发现枯焦。有时叶片呈青(铜)绿色,进而叶缘与主脉呈平行卷曲,随后呈灼伤状或死亡。果小,着色不良,易裂果。生长季节喷施0.2%～0.3%的磷酸二氢钾,或土壤追施硫酸钾,或在秋季施基肥时掺混其他钾肥。

缺硼症:春季出现顶枯,枝梢顶部变短,叶窄小,锯齿不规则,虽然有花,但坐果率低,会造成果肉木栓化、畸形,根系停止生长。叶面喷施硼砂或土施硼砂。

缺锌症:大樱桃缺锌时,新梢顶端叶片狭窄,枝条纤细,节间短,小叶丛生,呈莲座状,质地厚而脆,有时叶脉呈白或灰白色。土壤追施或叶面喷0.2%～0.4%的硫酸锌。

缺铁症:缺铁会影响叶绿素的形成,幼叶叶肉失绿,叶脉仍为绿色,随叶片成熟,症状减轻,树体衰弱。土施硫酸亚铁。

缺镁症:影响叶绿素的形成,呈现失绿症。严重时,新梢基部叶片叶脉间失绿并早期脱落。果实中固形物含量、柠檬酸含量和维生素C含量大为降低,影响产量和品质。叶面喷0.2%～0.4%硫酸镁或土壤追施少量的硫酸镁。

# 第七章　樱桃设施栽培

果树设施栽培，是指利用温室、塑料大棚或其他设施，改变或控制果树生长发育的环境条件（包括光照、温度、湿度、二氧化碳、氧气、土壤等）对果树生产进行调控以达到某种生产目标的果树栽培方式。樱桃设施栽培，目前生产应用较多的主要有两种栽培模式，一种是以提早成熟为目的促成栽培；另一种是以防止裂果为目的避雨栽培。

## 第一节　中国樱桃品种设施栽培

### 一、促成栽培

#### （一）促成栽培的条件

1. 品种选择

结果早、坐果好，果形大，糖度高的优良早熟品种。目前在南方地区"诸暨短柄樱桃"比较适合促成栽培。

2. 园地选择

要选择地下水位低、土壤肥沃、开阔平坦、阳光充足、排灌方便的地块。

3. 筑畦垄栽

如果园地的地下水位比较高，则宜采取筑畦垄栽的方式。一般垄宽 3 米，畦垄宜南北走向，这样大棚可搭成南北方向，有利于大棚覆盖保温。

4. 定植时间与密度

南方在秋季落叶至次年春季萌芽前均可定植，但以冬季为宜。栽植密度视立地条件、整形修剪方法而定，一般小苗按 3 米×1 米的行距定植，结果树按 3 米×2 米行株距定植。小苗两年后，当樱桃树冠长大后，再按行株距为 3 米×2 米定植。定植穴大小为 80 厘米×80 厘米。

5. 栽培模式：矮化栽培

将高大的乔木变成适宜于大棚内栽培的低矮树形，是诸暨短柄樱桃进行促成栽培的关键。可借鉴梨树矮化栽培方法进行矮化栽培。诸暨短柄樱桃促成栽培用苗可采用两种方法：一是幼苗露地矮化定植成形，时间一般为两年；二是大树矮化。

(1)露地矮化定植成形：定植后即在嫁接口上部约 15 厘米处剪去，并在基部保留 3～4 个饱满芽，使其长成骨干枝。

并对基部的骨干枝条，于4～8月采用拉枝、撑枝等方法塑造成自然开心型。

(2)大树定植矮化：已露地栽培数年的大树苗，则需截枝改造成适宜于大棚内栽培的低矮树形，或改造成自然开心形，或改造成“Y”形，或改造成宝塔形。按3米×2米的行株距定植。

## (二)促成栽培的主要技术

1.大棚的形式与材料

宜采用钢管、毛竹、钢丝索、无滴塑料薄膜、水泥柱等材料。根据棚的宽度每只单栋棚内种一行或两行。

2.具体建造方式

不同高度和走向的塑料大棚对棚内温度的提升和保持效果不同。诸暨短柄樱桃宜采用南北走向，易于升温的4米单体高棚，单(或双)层膜覆盖；有条件的可采用连栋大棚，其保温效果优于任何形式的单栋大棚。即：南北走向、高3.5～4米、宽6米的单体高棚，或南北走向、高3.5～4米、宽24～30米的连栋大棚。大棚以3～6厘米宽的毛竹片或外口径为22毫米的钢管为拱杆，以3～5道、直径5.4毫米的钢丝索加水泥柱为支撑，拱杆间距80～100厘米。每隔10米在顶部留50厘米×80厘米的天窗作通风换气口。

3.盖棚后的管理

(1)适时覆盖保温。诸暨短柄樱桃一般需要低于7.2℃

的低温 80～100 小时才能完成其花芽分化，即“春化作用”。因此，过早大棚覆盖保温将影响其正常开花结果，过迟覆盖保温达不到提早成熟上市目的。一般当诸暨短柄樱桃正常落叶后 20 天，如非特殊暖冬条件，即可盖棚。在诸暨市一般年份的盖棚时间宜在 1 月中旬。

(2)温度管理。诸暨短柄樱桃对温度较敏感。在萌芽期到开花期到果实发育、成熟，白天最高温度不能超过 25℃。如果超过 25℃会灼烧现象，生长发育停滞。因此，当大棚内温度升高到 22～23℃时必须及时通风换气降温。

①覆盖保温后、开花前的温度管理。此阶段尚未开花，气温也最低，温度管理主要以升温保温为主。白天温度 18～20℃，夜间温度 0℃以上即可。此时温度高有利于生长而不会对花芽产生高温危害。

②开花后至果实成熟期的温度管理。开花后如温度过高、过低，都会影响诸暨短柄樱桃的产量。必须在大棚内挂干湿温度计观察温、湿度变化，防止温度过高对花的损害和低温冻害。具体要求：

开花期温度控制，白天 11～12℃，平均温度 5～6℃；发芽期(幼果初期)温度控制，白天 12～14℃，平均温度 6～8℃；果实膨大期温度控制，平均温度 15～23℃；成熟期控制在 18～25℃，要防止 25℃以上高温；果实着色期温度控制，白天不超过 25℃，夜间 12～15℃，保持昼夜温差 10℃左右，以提高果实的色泽、糖度和口感。此阶段，如白天无特殊高温，或者阴天，一般不必揭膜通风；如遇晴天最高气温15℃以上，甚至20℃以上特殊高温，早上8时即应揭膜、开天窗进行通风换气；如遇－2℃以下低温，必须及时做好防冻工作。

(3)湿度管理。诸暨短柄樱桃对湿度要求低。大棚内相对湿度要求开花前到果实成熟期呈递减。即覆盖保温后到开花前，大棚内相对湿度控制在70％～80％，开花后到果实膨大期相对湿度要求55％～65％，果实着色期相对湿度要求50％。

诸暨短柄樱桃开花时需要大量水分，必须浇好花前水，一般以园内土表不发白为标准，相对湿度控制在70％左右。果实膨大期至成熟期既需要大量水分，又怕短时间内水分过多造成裂果，此期水分(湿度)管理必须非常小心，在相关要求内平稳补给。

(4)花果管理。诸暨短柄樱桃具有较强的自花结实能力，不必搭配授粉树。但为了提高坐果率，保证稳产优质，必须进行如下花果管理。

①放养昆虫。在大棚内放养蜜蜂，通过蜜蜂的活动提高坐果率。

②喷施叶面肥。在盛花初期和果实膨大期各喷施一次0.3％硼砂加0.5％尿素混合液和0.3％～0.5％磷酸二氢钾叶面肥，以提高坐果率和果实糖度。

③疏花疏果。通过疏花疏果，疏去过多的花蕾和过量的幼果及畸形果实，减少不必要的养分消耗，使留下的果实能良好生长发育，以保证果实质量。一般在开花前，将弱小的、发育不良的花蕾疏去，并疏掉每束花的边蕾，留下中间 1～3 朵花蕾。一般在生理落果后，疏除小果、畸形果，保留横生与向上生的大果，每支花束状短果枝只留 3～4 个果。

(5)采后管理。矮化修剪以夏季修剪为主。诸暨短柄樱桃抽枝力不强，小树宜轻剪，大树可重剪。由于是当年枝形成结果枝，已结果的枝条第二年不会结果，因此，矮化修剪的最佳时间与方法：采用边采收边修剪，或者采后立即修剪。

樱桃枝条可分发育枝和结果枝两类。幼树以发育枝较多，其前端叶芽延伸生长，扩大树冠，下部腋芽抽生结果枝。进入结果期后除大部分一年生枝顶芽为叶芽外，腋芽多为花芽，称为结果枝。结果枝依长度分为长果枝(15～20 厘米)、中果枝(5～15 厘米)、短果枝(5 厘米左右)、花簇状果枝(1～2 厘米)。从结果能力看，长果枝坐果力较差，一般在 40%左右；中果枝稍强；短果枝坐果率高，果实品质亦佳；花簇状果枝是盛果期旺树上的主要结果枝，坐果率达 80%左右。果实品质最佳，可连续结果 10～20 年。诸暨短柄樱桃在初果期，长、中果枝的比例大，而在盛果期则短果枝和花簇状果枝为主。剪去生长过旺枝及衰弱小枝，培养合适树形，使诸暨短柄樱桃树体高度控制在 2.5 米以下，满足设施栽培要求。主要采用疏剪法，去除过密过强、扰乱树冠的多年生大枝，调整树冠结构，促进花芽形成。但在疏除大枝时，要注意伤口要小，要平，以利于尽快愈合。疏除一年生枝时，可先在其基部腋花芽以上剪截。

(6)夏季管理。夏季宜及时采用抹梢、摘心和缓放方法培养树形，调整性修剪保持树形，化学调控促进成花，肥培管理促使高产。

①培养树形。诸暨短柄樱桃设施栽培常采用自然开心型。一般采取低定干策略，拉枝造型时弯曲处必发出直立旺长新梢，宜选择一部分健壮新梢留作新的主干培养，当长至50厘米时摘心，摘心部位应以半叶为界，不能过高，也不过低。新主干摘心后新发出第一梢可继续留作主干培养，当长到40厘米左右时第二次摘心。新主干第二摘心后长出新梢可在长至30厘米左右时再摘心，以后不再继续留新主干。其他新梢在长至20～30厘米后，视其木质化程度留10～15厘米重摘心。拉弯的原主干枝对其延长枝进行重摘心缓放，中后部新发小枝及背上直立旺枝可在萌芽时抹除，仅留背下及两侧的新梢。

②调控促成花。诸暨短柄樱桃采果后即进入花芽形成期，当短枝形成、生长封顶时，花芽开始分化。因此，早形成短枝，早封顶，花芽开始分化也早。化学调控的具体方法是：5月中下旬，修剪后，经摘心、抹梢、缓放，新梢的量已经足够

（此时经拉枝的原主干的背下及两侧的新梢已长至10厘米左右），采用叶面喷施多效唑来控制生长，促进短枝早形成、生长早封顶、花芽早形成。夏、秋梢各喷施一次。浓度为15%多效唑15～20克，如一年生树加水15千克，二年生树加水7.5千克，4～5年生树加水5千克。但多效唑施用不当，反而会造成新梢停止生长，叶片皱缩扭曲，虽能成花，但花质差、果实小、品质劣、易落果；严重时引起根系死亡，缩短树龄。因此，使用时务必谨慎。使用对象主要是不结果的幼龄树，药量必须严格掌握，切不过量。

③调整性修剪。一般在6～8月和冬季进行。主要是对采后修剪的补充，把生长旺、直立的空间角度好的新梢拉至水平角度培养骨干枝，使树体透光较好；抹除过量的或节间过长的新梢以及病虫为害枝、无叶枝；疏除枝组顶端徒长竞争枝以防扰乱树形与影响光照。

(7)施肥。

①基肥。基肥在10月下旬至11月中下旬尚未自然落叶前施入。一般可每亩穴施或沟施饼肥25千克加上栏肥800～1 000千克。基肥的施用量占全年的50%～70%。一般应以堆肥、圈肥、鸡粪、腐熟豆饼等有机肥为主，控制氮肥用量，并适量加入过磷酸钙或钙镁磷肥等。

②追肥。a.花前施肥。看树施肥，追施少量复合肥或叶面肥作为催花肥。b.花期施肥。每隔10天一次，连续喷两次

0.5％尿素加 0.3％硼砂液，或 600 倍磷酸二氢钾液加 0.3％硼砂液，或 0.3％硼砂液，或者复合肥，有助于提高坐果率。c.果实速长期施肥。谢花后进入果实发育时，叶面喷施尿素加磷酸二氢钾稀释 200 倍的速效肥一次。d.采后施肥。采后即亩施三元复合肥 20 千克，以补偿采后和矮化修剪后的营养消耗，恢复树势，促进花芽分化，提高来年产量。一般 5 月中下旬为宜。

(8)水分管理。诸暨短柄樱桃不耐湿、不耐旱，生长期需水量大，但又怕水分短时间内过多，因此要平衡供水。梅雨期要注意开沟排涝，夏、秋季要注意伏旱与秋旱。特别是土壤较薄的园地要注意伏旱与秋旱。在抗旱时，应采取傍晚或夜间灌溉，不能在早上露水已干后或者白天高温时灌溉，造成短时间内水分过多蒸发而萎蔫。

(9)病虫害管理。

①主要病虫害。诸暨短柄樱桃的主要病害有细菌性穿孔病、根癌病、流胶病、灰霉病；主要虫害有蚜虫、桃一点叶蝉、桃潜叶蛾、桃蛀螟、金龟子、蝉等。

②防治措施。在冬季自然落叶后至翌年开花前(以 12 月上中旬为宜)，用 5 波美度石硫合剂冬季封园。在生长期间交替使用甲基托布津、大生、百菌清等可湿性粉剂；防治灰霉病，宜选用一熏灵烟雾剂、速克灵药剂为好。防治害虫，可选用吡虫啉、杀螟松、万灵等药剂；特别注意禁用杀虫双、敌敌畏、乐

果等易造成药害的农药。对蝉、桃一点叶蝉、金龟子等害虫可采用频振式杀虫灯诱杀。

(10)揭膜。果实采收后应及时揭膜,时间一般不超过5月中旬。

### 二、避雨栽培

由于中国樱桃在南方成熟的季节雨水较多,再加上中国樱桃品种都比较容易裂果,因此避雨栽培是南方种好樱桃的关键。栽培技术参照露地栽培,棚架结构参照促成栽培的棚架结构。覆膜时间在果实刚开始着色的时候,揭膜在果实采摘后。

## 第二节　甜樱桃(大樱桃)的设施栽培

大樱桃的设施栽培一般有日光温室和塑料大棚两种,日光温室保温性能好可有效提早成熟期,但其土地利用率较低且造价较高,比较而言塑料大棚结构简单,造价低,提温快,通风性能好。目前在大樱桃生产上主要是以提早成熟为目的促成栽培模式。

### 一、品种的选择

(1)成熟期的选择。设施栽培大樱桃,为了提早上市,应选择成熟期较早的早熟和极早熟品种。

(2)树形的选择。因为设施相对露地受到环境的限制应注意选择树形矮小、树冠紧凑的品种。

(3)结果习性的选择。应选择成花容易,花粉量大、自花结实率高的品种。

(4)果实性状的选择。应选择外观艳丽、果大、肉硬、含糖量高、风味好的品种。

(5)注意抗病能力强、适应性强、休眠期相对较短的品种。

目前,适于设施栽培效益较高的主栽品种,主要是红灯,其次是拉宾斯、美早萨米脱、先锋、烟台红樱桃等几个品种。

## 二、园址的选择

选择什么样的立地条件建园,关系树体的生长发育,结果早晚、产量高低以及品质的优劣。因此,棚室栽植大樱桃主要从以下三方面进行选择。

### (一)周围环境

首先要选择阳光充足的地段,东、西、南三面不能有高大树木和建筑物,提高塑料大棚和日光温室的采光保温效果,其次要选择交通便利的地块,有利于产品运销和居民自采。但不宜过分靠近公路,防止尘土覆盖棚膜,降低光照强度。

### (二)土壤条件

选择土层比较深厚、透气性好,有机质含量高及保水保肥能力强、地下水位低、pH 为 6～7.5 的沙壤土和壤土地块建园最好。但要注意不能与近 5 年内栽培过中国樱桃、桃、李、杏等重茬栽植。

### (三)水源

棚室内灌溉全靠人工，因此建园时要充分考虑水源和灌溉条件，把园地选择在离水源近，有水浇的地方。

## 三、棚室大樱桃生产设施

### (一)棚室的类型及结构特点

1. 塑料大棚的类型及结构特点

我国地域广阔，气候环境复杂，各地的塑料大棚类型各式各样。塑料大棚按覆盖形式可分为单栋大棚和连栋大棚两种，按棚顶形式可分为拱圆形塑料大棚和屋脊形塑料大棚两种。拱圆形塑料大棚对建造材料要求较低，具有较强的抗风和承载能力，是目前生产中应用最广泛的类型。

棚室大樱桃栽培常用的拱圆形塑料大棚有以下几种形式。

(1)简易竹木结构塑料大棚。竹木结构的塑料大棚是我国最早出现的塑料大棚，其具体形式各地区不尽相同，但其主要参数和棚形基本相似。用于栽植大樱桃的大棚的一般跨度为 15～20 米，脊高为 4.5～5.5 米。

建造时按棚宽(跨度)方向每2米设一立柱，立柱粗6～10厘米，顶端呈拱形，地下埋深50厘米，垫砖或绑横木，将竹木固定在立柱顶端呈拱形，两端加横木埋入地下并固定。拱架间距1米，并用纵拉杆连接，形成整体，拱架上覆盖塑料薄膜，拉紧后膜的端头埋在棚四周的土内，拱架间用压膜线或8号铁丝等薄膜即可。

这种结构的优点是取材方便，各地可根据实际情况，选择竹竿或木杆均可，造价较低，建造比较容易。缺点是由于整个结构承重较大，棚内起支撑作用的立柱较多，使整个大棚内遮光率增高，光照条件较差，棚内空间不大，作业不方便；材料使用寿命短，抗风雪荷载性能差。

(2)焊接钢结构塑料大棚。焊接钢结构塑料大棚是利用钢结构代替木结构，拱架用12～16毫米钢筋焊接而成。一般跨度为17～21米，脊高为5～7米，拱间距0.8～1米。纵向各拱架间用拉杆或斜交式拉杆连接固定形成整体。拱架上覆盖塑料薄膜，拉紧后用压膜线或8号铁丝压膜，两端固定在地锚上。

这种结构的塑料大棚比起竹木结构的塑料大棚，承重力有所增加，骨架坚固，棚内空间大，透光性好，作业方便。但这种骨架在塑料大棚高温、高湿的环境下容易腐蚀，需要涂刷油漆防锈，每1～2年需涂刷一次。另外，有些钢结构需要在现场焊接，对建造技术要求较高。

(3)镀锌(塑)钢管装配式塑料大棚，是近几年发展较快的塑料大棚结构形式。大樱桃大棚栽培宜选用提高型镀锌(塑)钢管装配式大棚，采用直径 28～32 毫米，厚 1.5 毫米的镀锌(塑)管，脊高 6～7 米，拱架间距 0.5～1 米，纵向用纵拉杆(管)连接固定成整体。可用卷帘苫、保温幕保温、遮阳幕遮阳和降温。

这种材料的塑料大棚为组装式结构，所有结构都是现场安装，施工方便，并可拆卸迁移；棚内空间大、遮光少、作业方便，有利用植物生长，棚结构也不易腐蚀；冬季密封性能好，抗风雪能力强。其拱杆、纵向拉杆、端头立柱均为薄壁钢管，并用专用卡具连接形成整体，所有杆件和卡具均采用热镀锌(塑)防锈处理，使用寿命可达 15 年以上。这种大棚有工厂化生产的工业产品，已形成标准、规范的多种系列类型。

(4)水泥预制件塑料大棚。水泥预制件塑料大棚的宽度为 15～20 米，脊高为 4.5～5.5 米，拱间距为 1 米。水泥大棚的拱架为钢筋水泥预制件，2 根底筋的直径为 8 毫米，顶筋直径为 6 毫米，也可用 4 根 6 毫米的钢筋。箍筋为 4 毫米冷拔丝。混凝土可选用 500 号水泥，每立方米混凝土用水泥 360 千克，水 172 千克，粗砂 545 千克，石子 1 400 千克。预制时，拌料要填实填匀，边浇边搅拌。去膜 6 小时后开始喷水，每天多次，养护 7 天后再露天堆放 1 个月，方可用于安装。

水泥预制件大棚的棚体坚固耐久，应用年限长，抗风雪能力强，棚面光滑，便于覆盖草苫，内部空间大，操作管理方便。其缺点是棚体太重，不易搬迁，拱架体积太大，遮光量大，造价亦稍高。

(5)连栋大棚。由 2 栋或 2 栋以上单栋大棚连接而成。目前随着规模化、产业化经营的发展，有些地区将原有的单栋大棚向连栋大棚发展。

连栋塑料大棚质量轻、结构构件遮光率小，保温性能好，土地利用率高。缺点是通风能力变差，棚内容易出现高温、高湿现象，栋与栋连接处易漏水等。在大棚和温室栽培中利用已有露地成龄树进行棚室生产时，由于成片、面积大，一般多采用连栋大棚。

2. 日光温室的类型及结构特点

日光温室是我国北方冬季应用的主要设施，三面围墙，其热量主要依靠太阳能。目前，用于大樱桃设施生产的主要是半拱圆形日光温室，规模有单跨或背连式两种屋面类型，后墙和后屋面的结构主要为短后坡高后墙。

(1)单跨半拱圆形日光温室　单跨半拱圆形日光温室为短后坡高后墙半拱圆形结构。目前，大樱桃栽培常用日光温室的跨度为 8～12 米，脊高为 3.5～5.5 米，后坡长 1～1.5 米，后墙高 3.8～4.5 米。各地可依据选择的大樱桃品种，对当地常用的半拱圆形温室结构进行调整。一般高纬度、寒冷地区温室的高度和跨度可适当缩小，墙体要相应加厚或采用保温性好的异质复合墙体;低纬度、冬季较温暖地区,温室的高度和跨度可适当加大。

(2)背连式日光温室。背连式日光温室是在单栋拱圆式温室的背面,利用其后墙连体建造一个无后屋面的半拱圆式温室。这种温室前棚高、后棚矮,前后棚共用一个墙体,后棚跨度为前棚(南面棚)的 3/4 或 4/5,覆盖的时间为前后棚相同,但揭苫时间是前棚早、后棚晚。后棚果实成熟期虽比前棚晚 1 个多月,但比露地栽培早 1 个月左右。

此结构温室,前后棚共用一个墙体,既节省建筑用料,又充分利用了温室后面的空闲地,后棚又为前棚保温,加之后棚揭苫升温晚,外界温度较高,可以利用前棚上一年用过的旧膜和旧苫,也降低了生产成本,近年来已在生产中逐步扩大应用,很值得推广。

## (二)建造栽培棚室应注意的问题

### 1. 塑料大棚或日光温室栽培大樱桃的结构要求

塑料大棚或日光温室栽培大樱桃要求安全、经济、有效、可靠,其中结构要合理,骨架薄膜要牢固可靠。棚内温度、光照条件优良,通风降湿方便。

为做到这些,首先,要求较高棚体,一般大型棚高度为 6～7 米。其次,大棚高度与宽度比例要合理。雨水少的地区,大棚可宽些,顶部可平些,高、宽比例为 1∶(4～5)。在雨水较多的地区,顶部要加大坡度,以利于排水。另外,大棚断面要呈弧形,不宜有棱角,否则塑料薄膜易损坏,易积水。

2. 墙

墙是日光温室栽培的主要结构,在总体造价中常占较大的比重(砖墙)或需要较多的建筑用工(土墙)。生产中日光温室墙体主要为土墙、砖墙等。

(1)土墙。主要有草泥土墙和板打(夯土)墙。修建时要注意上下宽度差,确保墙体稳定。秋季打墙应及早进行,在结冻前基本风干。墙体厚度应为当地冻土层的1.5～3倍。

土墙保温性能好,有较大的强度,有一定的耐久性,可以就地取材,成本低,但缺点是耐水性差,有时容易出现裂缝,若遇较大降雨,后坡流下来的雨水浸入墙体会造成局部坍塌。

(2)砖墙。分为实心砖墙、矿渣砖和空心砖墙等。砖墙承重没有问题,但保温不好。为此各地都较多地采用内12厘米、中空12厘米、外墙24厘米的空心墙,不仅节省了材料,保温效果也好于实心墙。但是由于墙体不严,往往影响空心墙的保温效果。因此,应向空心内填入一些导热系数小的物质,如炉渣、锯末和珍珠岩等,以提高保温效果。试验证明,在空心墙中填充珍珠岩的隔热效果最好。

3. 进出门及工作间

塑料大棚或日光温室面积较大时,常在棚室一端建立一个进出门,如果长度达到100米时,进出门可设在中间。为了防止进出棚室时带进外界冷风,在塑料大棚或日光温室入门处应建一个面积 4～5 米$^2$ 的工作间，工作间的门应与棚室的入门错开位置。同时，为提高保温效果，可在塑料大棚或日光温室入门内侧挂一层塑料膜和草苫，能起到较好的缓冲作用。

4. 通风口

通风换气是棚室生产中重要而又经常的一项工作。塑料大棚或日光温室通风主要是依靠在棚室层面上开通风口进行自然通风，通风口通常分上下两排，上排通风口原则上应设在棚面最高处，也就是屋脊部，上排通风口主要是起出气作用，因为热空气重力较小，多聚集在棚室友的顶部，打开上排通风口，这部分热空气就很容易排到室外。下排通风口以设在离地面 1 米高处为宜，因为下排通风口主要是起进气口的作用，设置太高，会降低通风效果，设置太低，容易使近地面处的低温空气进入棚室内。

用于大樱桃促早熟棚室栽培通风口面积不应超过棚面积的 10%。通风口的开设方法，目前生产上多用扒缝放风法，即上排通风口是将屋脊处的薄膜扒开，不通风时拉紧；下排进风口是在覆盖薄膜时先将薄膜分成上下两大片，膜的边缘稳中有降，粘成一条筒，内穿一根细绳，在扣膜时将绳拉紧，上边的一块膜压在下边的一块膜上，互相重叠 20～30 厘米，再加上加膜线，两片薄膜之间平时没有缝隙，并不影响保温，待需要放风时，从两块薄膜搭缝处用手扒开，就变成通风孔道。这种扒缝放风的方式，薄膜不易受损，风量可大可小，操作方便，是一种较为实用的通风方法。

5. 防寒沟

寒冷地区在日光温室前挖1条深40～60厘米，宽30～40厘米的防寒沟，沟内填干草、碎秸秆或保温材料，也可铺衬薄膜后再填保温材料，填土踏实，高出地面5～10厘米，并向外倾斜，以防雨水流入沟内。

6. 采光覆盖材料

采光覆盖材料宜采用0.1～0.12毫米厚、透光、无滴、防尘、保温性能良好，且具有抗拉力强、长寿的多功能复合膜。比较好的有聚乙烯长寿无滴膜、三层复合膜、聚乙烯无滴转光膜、乙烯-醋酸-乙烯三层无滴保温防老化膜、聚氯乙烯无滴膜等，这类薄膜的最主要优点是可降低空气间湿度，减少病害发生，有利于花期授粉。

(1)数量。为便于大棚放风降湿，棚膜最好为6幅，棚顶2幅，两侧各2幅。顶膜与侧膜交接处不要粘牢，两膜相互交接30厘米左右，作为风道。侧膜底边只用松土压紧，以便于掀起放风降湿。

(2)薄膜的黏合。无滴膜的幅宽一般为3米，需要将多幅膜黏合在一起。黏合薄膜时先准备一块宽10厘米左右、表面平滑的长木板或长板凳。上铺一层窗纱，将准备黏合的两块薄膜的膜边，用干布擦净水珠或灰尘，然后重叠在一起，叠合宽度5厘米左右，将其铺在木板上，上面再铺一层牛皮纸，一人在前面拉紧拉平，将经过预热、温度为150～200℃的电熨斗放在纸上，稍用力下压，并慢慢向前移动，使纸下的薄膜均匀受热，黏合在一起，待冷却后即可使用。个别黏合不好的地方，可反复2～3次。薄膜的三边用电熨斗各黏成宽5厘米左右的缝筒，以便穿绳(竹竿)拉紧。

薄膜上的破洞或裂缝可用黏合剂黏补。聚乙烯膜用XY-404黏合剂，聚氯乙烯膜用环乙酮。也可用黏合胶带直接贴于薄膜的破损处。

7. 保温材料

保温材料多用纸被、草苫、棉被等。

(1)纸被。纸被是棚室夜间覆盖保温的不透明覆盖物，纸被由4层牛皮纸缝合而成。因为它本身隔热性好，加上中间又有多层空气间隔，因此隔热效果良好。纸被在一般夜间的保温效果为6～8℃，比一层草苫保温效果略低，如果把纸被改为6层牛皮纸，它的保温效果可以和草苫相当。

纸被虽然体轻而保温，但在一些冬季温暖多雨雪地区因纸被易被雨水淋坏，使用就不方便，所以有些地方在纸被外面再罩上一层薄膜，也有的在纸被外面涂上一层油漆，以延长使用寿命，也有的不用纸被，改用双层草苫。

(2)草苫。草苫可以用蒲草、稻草和谷草等编成。一般宽1.2～2厘米，厚3～5厘米，长度按需要而定(草苫打得紧密，才有良好保温效果，如一块宽1.5米、长5.5米的稻草苫，至少应重 30 千克，太轻则保温性能减弱）。在多雨雪地区，使用草苫也很不方便，而且草苫变潮保温效果下降，因此这些地区都预备一层塑料薄膜，下雨雪时将薄膜盖在草苫上边，既不湿草苫，又增加了保温效果。

(3)棉被。做棉被的材料大多是用棉纺厂的落地棉和包装布，造价虽高，但保温效果好，使用寿命也较长（有的地方已用 10 年以上），因此可以使用，但在冬季雨雪大的地区不要使用。

8. 压膜线

压膜线的作用是压紧薄膜，防止薄膜因刮风而破损，压膜线可用铁丝或专用塑料压膜线。以铁丝作压膜线，易生锈，容易使薄膜破损。

9. 卷帘机

目前生产上普遍应用电动卷帘机，有卷杠式和单臂式两种。

卷杠式卷帘机即在塑料大棚或温室的屋面上每 3 米设一角钢支架或钢管支架，在支架顶部安装轴承，穿入直径 50～60 毫米的一道钢管作卷管，在棚中央设一方形支架，支架上安装一台 2 千克左右的电动机和一台减速器，配置电闸和开关，卷放草苫时扳动倒顺开关即可卷放。卷放时间为 8～10 分钟，为加快放苫速度，还可安装闸把盘。单臂式卷帘机不需要在后屋面上安装卷杠，卷杆安装在温室前地面正中央。

单臂式卷帘机，包括卷帘用的驱动杠，驱动杠通过减速器与传动轴一端连接，传动轴另一端与驱动装置连接，整个驱动装置坐落在一个带行走轮的传动箱内，具有结构简单，使用可靠，使用寿命长的特点。根据辽宁、河北等地经验，安装卷帘机不仅可以有效预防风灾，而且安装卷帘机的棚室便于清理积雪，可有效防止雪灾的发生。

10. 输电线路及补光灯

建造大棚和日光温室时必须安全配置输电线路，以方便卷放草苫和灌溉、照明等用电。补光灯可用白炽灯、节能灯等。

11. 加温设施

在自然条件下，如果棚体保温措施得力是能够满足大樱桃生长的棚温要求的。只有在遇有特殊天气时，才进行人工辅助增温，以防止冻害的发生。

在常用棚室友的加温设施中，全自动电能热风机使用寿命长，热效率高达 99%，是当前加温设备行列中的最环保、最节能的加温设施，购置时可向厂家咨询；选择用红外灯泡加温时，一般每亩温室设置 12～15 盏 225 W 的浴霸灯；选择电暖器加温时应选用既可转向又可吹散热气的电暖器，并注意电暖器与树体保持 2 米以上的距离，电暖器散热面要向上倾斜 15°～20°，不要直接吹着树体；选择煤炉加温时，燃烧要选用优质无烟煤或木炭，通到棚室外的烟道要严密；棚室内点燃沼气加温不但能够提高棚室内的温度，而且还可以增加棚室内空气中的二氧化碳浓度，一般每100米$^2$设置一个沼气灶或50米$^2$设置一个沼气灯，有条件者可以利用。

12. 灌溉设施

扣膜期间灌溉用水，必须是深井水，以保持有8℃以上的水温。利用塘水或河水的，要设地下管道。引入棚室内的储水罐，管道需埋在冻土层下。

目前，常用的灌水方法有地面灌溉、地下灌溉、喷灌、滴灌等。

(1)地面灌溉。地面灌溉可分为树盘灌水、沟灌、穴灌等。地面灌溉简单易行，投资少，因而仍然是了广泛、最主要的一种灌水方法；其缺点是灌溉用水量大。

(2)地下灌溉。地下灌溉是利用埋设在地下的透水管道，将灌溉水直接送入大樱桃树根的分布层，借毛细管作用自下而上湿润土壤供大樱桃树吸收利用的一种灌水方法。这种灌水方法的优点是灌水质量好，蒸发损失小，节约用水；占耕地少，便于田间耕作管理；可以利用灌溉系统施肥。其缺点是地表湿润差，地下管道造价高，容易淤塞，检修困难。

地下灌溉系统可分为输水和渗水两个主要部分。输水部分的作用在于连接水源，并将灌溉水输送至果园的渗水管道。输水部分可以是明渠，也可以做成暗管。渗水部分是由埋设在田间的管道组成，灌溉水通过这些管道渗入土壤。

地下灌溉的技术要素主要包括透水管道的埋设深度、管道间距、管道长度和坡度等。

①管理埋设深度。首先，埋设深度应使灌溉水借毛细管作用能充分湿润根系活动层的土壤，特别是表层土壤能达到足够的湿润，而深层渗漏又最小。一般管道埋深应该深于一般深耕所要求的深度；同时还应考虑管道本身的抗压强度，不致因行走而损坏。一般应使管道上的缘紧靠大樱桃树的主要根系所分布的土层。目前我国各地采用的管道埋深为40～60厘米。

②管道间距。主要决定于土壤性质和管道中水压力的大小。土壤颗粒越细，则土壤的吸水能力越强，灌溉水的湿润范围也越大，管道的间距就可增大。在决定管道间距时，应使用相邻两条透水管的浸润曲线重合一部分，以保证土壤湿润均匀。一般管道中的水压力越大、浸润曲线的范围越宽，管距可以较大，可达5～8米，而无压透水管的管距，一般为2～3米。

③管道长度。取决于管道的坡度、供水情况（有压或无压）、流量大小及管道渗水情况等因素。适宜的管道长度应使管道首尾两端土壤能湿润均匀，而渗漏损失较小。我国采用的管道长度一般为20～50米。生产经验是无压管的长度，不大于100米，而有压的管长可达200～400米。

④管道坡度。应根据管道长度和地面坡度而定，一般以流淌顺畅为标准。

(3)喷灌。喷灌是将具有一定压力的水通过管道输送到果园,再由喷头将水喷射到空中,形成细小的水滴,均匀地喷洒在果园内。喷灌具有增产、省水省工、保土保肥、适应性强、调节果园小气候、便于实现水利机械化、自动化等优点,其缺点是基建投资大,受风的影响较大。

喷灌系统的组成和分类:喷灌系统一般由水源、动力、水泵、管道系统及配件、竖管、喷头等组成。有移动式、半固定式和固定式三种。喷灌系统的设置应按有关技术参数和要求配置。

(4)滴灌。又叫滴水灌溉,是利用管道将加压的水或化肥溶液通过滴头一滴一滴地、均匀而又缓慢地滴入大樱桃树根部土壤的先进灌溉方式。滴灌的优点是省水,自动化程度高,缺点是投资较大。滴灌系统是由滴头、毛管、支管、干管、储水罐等组成。管道网可视园地情况埋入地下或铺设于地上。

13.温湿度监控设备

观测温湿度的常用设备有吊挂式水银或酒精温湿度计,有条件的还可安装温度自动控制设备。

14.诱杀虫设施

利用现代农业科学技术,可大大减少用药次数,减少果品的农药残留。

(1)黄板。黄板可在果园间使用,主要用于防治蚜虫、潜蝇成虫、粉虱、茶叶小绿叶蝉、蓟马等小型昆虫。一般每亩插挂 20～25 块黄板。

(2)诱虫灯。诱虫灯是棚室大樱桃树栽培的必备器械。根据电源可分为交流电杀虫灯、蓄电池杀虫灯、太阳能杀虫灯等。根据杀虫方式可分为电击式、水溺式、毒杀式等。一般一个大棚或温室最好配置 2 个诱虫灯。

## 四、棚室大樱桃的栽培管理

### (一)覆膜前管理

1. 栽植的时期

棚室大樱桃栽植的时期应该在落叶后、发芽前进行移栽，一般在春季土壤解冻后至苗木发芽前定植，大都在 3 月中旬至 4 月上中旬，临发芽前定植，樱桃成活率高。

2. 栽植密度

用于棚室栽培的大樱桃幼苗栽植时行、株距应根据不同棚室结构和土壤肥力而定。一般在肥沃地块建园，以 4 米×3 米，每亩 55 株为宜，而在肥力中等的地块建园，以 4 米×2.5 米，每亩 66 株为宜。另外，还要注意生长强势的品种要合理稀植，生长势较弱、矮化型的品种，应适当减小行、株距。

3. 授粉品种的配置

由于大樱桃花药小，花粉量较少，故栽植时宜采用混栽为好。采用行内混栽，每隔 2 或 3 株主栽品种栽 1 株授粉品种；

如果采用行列式配置，每隔 2 或 3 行主栽品种栽 1 行授粉品种，否则易致授粉不充分。

4. 栽植的方式

一般情况下，大樱桃嫁接苗一般 3～4 年见果，5～6 年进入丰产期。由于大樱桃结果晚，直接在大棚和温室内定植苗木，大大增加前期成本。因此，大棚和温室大樱桃栽培主要采取结果树覆盖和成龄树移栽两种方式。

结果树覆盖是先在露地按大棚和温室内株行距定植幼树或培育预备苗，按大棚和温室结构及空间大小进行整形控制，生长几年具备丰产基础后再建造大棚和温室。此模式在冬季寒冷地区以选择日光温室为主，在冬、春较温暖地区选择塑料大棚和日光温室均可。

成龄树移栽是向已建成的大棚和温室内移植已大量分化花芽的 4～5 年生的成龄树。利用现在大樱桃成龄树进行大棚和温室生产，多采用塑料大棚，如山东烟台、青岛、秦皇岛等地利用塑料大棚和连栋大棚进行促早熟栽培。

棚室栽植大樱桃，一般采用行距宽、株距小的南北行栽植，这样不仅光照条件好，有利于大樱桃的生长发育，而且行距大，行间还可以加栽蔬菜、草莓等，以增加前期的经济效益。

5. 栽植方法

棚室栽植大樱桃栽植前要进行整地，平地。整地后按行距拉线，再挖定植沟。定植沟深 70～80 厘米、宽 150～200 厘米，沟内按每株 50～100 千克的施肥量施入腐熟优质有机肥，并充分拌匀回填，回填后用大水沉实。同时根据行株距及移栽苗根系的大小挖好定植穴。

选择芽眼饱满、根系发达、用 3～5 波美度石硫合剂或用根癌宁（K84）生物农药 30 倍液浸根 5 分钟消毒处理过的健壮苗木，然后剪掉苗木的病伤根，并将所有根系剪出新茬，这样有利于发生大量新根。将苗木移入栽植穴后，用土回填至苗木的根茎处，修好灌水盘，浇足水。

6. 棚室大樱桃的主要树形及修剪

目前，大樱桃大棚和温室生产中主要采用的树形是改良主干形和纺锤形。

整形修剪技术参照大樱桃的露地栽培的整形修剪技术。

7. 覆膜

覆地膜和棚膜：棚室大樱桃栽培在苗木的两侧应该铺设滴灌管，然后覆盖黑色地膜，这样既有利于小水勤灌，防止降低地温，又有利于降低环境湿度，防止病害发生。

根据大樱桃的生长要求，在北纬 40°附近地区一般于 10 月中下旬至 11 月初覆盖棚膜，北纬 45°附近一般于 9 月下旬至 10 月上中旬覆盖棚膜。

覆棚膜时尽量选在无风的天气进行。先用麻绳（或竹竿）穿入穿绳筒。扣顶部的膜时两边分别拉紧，扣两侧薄膜，无穿绳筒的边留出 40～50 厘米，埋入土中固定，再将穿麻绳（或竹竿)的一边在上部挟平拉紧后固定好,然后将顶膜压在两侧薄膜之上,膜连接处应重叠 20～30 厘米。扣棚膜时要绷紧,尽量减少皱褶。最后,在棚膜上每两根拱杆之间用压膜线或铁丝拉紧后固定在两侧地锚的铁丝套上。

8. 升温

升温是指扣严棚膜,关闭通风口,日出后拉开草苫使其棚室内温度升高,使大樱桃树体接受阳光;下午 4 时左右温度较低时将覆盖物放下,保持其棚室内温度。升温时间依据大樱桃休眠期的低温需求量和棚室类型以及栽培目的来确定。

(1)根据大樱桃的低温需求(需冷量)确定,经 45～50 天的低温休眠后,低温量在 1 200 小时左右后开始升温。

(2)根据棚室类型确定。日光温室栽培大樱桃,因其有较好的保温性能,满足低温需求量后,升温越早越好。大棚栽培大樱桃,由于保温性能较差,覆草苫的应在外界平均温度不低于－12℃时升温,无草苫覆盖的应在外界平均温度不低于－8℃ 左右时升温;如果升温过早,在开花期和幼果期可能遭受寒流的影响,使棚内温度下降较大,导致冻害发生。

**(二)覆膜后的管理**

利用大棚和温室栽培大樱桃,其环境条件与露地不同,它不仅受自然条件的限制,也受人为因素的影响。最大限度地创造出一个适宜大樱桃生长的环境是至关重要的,其中温度、湿度、光照等因素直接影响大樱桃树体的生长发育,也是关系大棚和温室大樱桃栽培成功与失败的关键。

1.温度

(1)棚室栽培大樱桃对温度的要求。棚室栽培是在不适宜大樱桃生长发育的季节进行反季节栽培，而大樱桃在生长发育的每一个阶段对温度的要求并没有变化，特别是扣棚升温后至萌芽前、萌芽期、花期前后、幼果期和果实生长发育期对温度均有特定的要求。温度的高低和温度变化幅度均会对坐果率，果实发育、果实品质等产生重要影响。因此，温度管理是棚室大樱桃生产过程的重要技术环节。

①休眠期。落叶开始即进入休眠期，这时必须经过一定量的低温冷量打破休眠期，才能顺利萌芽、开花、结果，若低温需冷量不足，则表现萌芽晚或萌芽不整齐，生长发育不正常，严重影响品质及产量。

②孕花期。从开始升温起至开花为萌芽期，也称孕花期，此期间温度控制不可过高或过低，因为棚室温度过高，过低都会影响大樱桃花芽分化的质量，最终影响树体的坐果率和产量。一般要求开始升温后，第一周棚室内白天温度 10～15℃，夜间 0～5℃；第二周白天温度 13～17℃，夜间 2～6℃；第三周白天温度 15～18℃；夜间 3～8℃；第四周后一直到开花期，白天温度 17～20℃，夜间 5～10℃。

③花期。大樱桃的开花期对温度的要求更为严格，温度过高过低均不利于花朵的授粉受精。白天温度应保持在

18～20℃，夜间最低温度不低于 8℃。

④幼果期。白天温度控制在 22～25℃，夜间温度控制在 12～15℃，保持昼夜 10℃左右的温差，有利于果实着色和糖分有积累。

(2)棚室的温度调控措施。根据热量平衡原理，只要增大传入的热量或减少传出的热量，就能使棚室内维持较高的温度水平；反之，便会出现较低的温度水平；因此，要采取保温、培温或降温措施，调节控制棚室内的温度。

①保温措施。最有效的保温办法就是采用隔热性能好的保温覆盖材料多层覆盖，减少热量损失。

多层覆盖常见做法：一是在棚外覆盖草苫，纸被或保温被；二是使用保温性能好的材料并尽量加厚；三是尽可能减少棚室缝隙，及时修补破损的棚膜；四是设置防寒沟，减少土壤热量横向传导；五是棚室内除人行道外全面地膜覆盖；六是采用膜下暗灌、滴灌等。

②增温措施。当遇到气温骤降，棚内温度过低时，或连续阴雪天，白天不能卷苫时，应增加临时供暖设备增温，如暖风、加温补光灯，炉火加温等。

掌握正确的卷施苫时间也是增加温度的必要方法。虽然早揭晚放可以延长棚内的光照时间，但是当外界气温过低时，揭苫过早或放苫过晚也会影响棚内温度，应正确掌握揭放苫时间。一般揭苫后，棚内气温短时间下降 1～2℃后然后上升，为比较合适的揭苫时间。若揭苫后棚内温度不下降而是升高则揭苫过晚。若放苫后温度没有回升，而是下降，则是放苫时间过晚。冬季一般在正常天气情况下，日出后1小时揭苫，日落1小时前放苫较为合适，春季适当提前揭延后放。在特殊寒冷天气可大风天气时，要适当晚揭早放。在天气暖和时日出时揭，日落时放。阴天时在不影响温度情况下尽量揭苫，散射光也有利于树体生长发育，避免阴天不揭苫。

除以上措施外，经常及时清除棚膜上灰尘，增加透光率也是有效的增温措施。

③降温措施。棚室内降温主要通过设置通风窗、通风缝和通风孔等来调节，生产中多采用前屋面上部扒缝的方法降温。

大棚和温室因封闭严密，在晴朗天气棚室内温度提升很快，特别是日光温室，即便在冬季，如不注意通风降温，室内温度仍可达30℃以上，而春秋季节遇晴天，室内温度会更高。温度过高，会给大樱桃带来严重的高温危害，特别是大樱桃树，开花时期室内空气温度高于22℃，会引起柱头干燥失水，影响授粉、受精，降低坐果率。果实进入幼果发育时期，室内空气温度过高，又会发生日灼病，损害果实。所以必须及时通风降温，防止室内高温情况出现。因此，当温度达到该物候期的适宜温度范围的上限时，可拉开风口，通风降温。开启通风口时，要先开小口，使温度不再上升即可，如果温度继续上升，可再次加大风口，使温度稳定在该物候期适宜温度范围的上限。

2. 湿度

棚室内的湿度管理，一般指空气相对湿度的管理。棚室内湿度的管理与温度管理同等重要，必须对湿度及时加以调节，使之达到大樱桃各生育阶段的要求。

(1)湿度要求。从升温到萌芽，空气相对湿度要保持在70%～80%，开花期保持在50%，花后至采收期保持在60%左右。

花期湿度过大或过小均不利于授粉受精，湿度过高，花粉不易发散，且易感花腐病；湿度过低，柱头干燥，不利于受精。幼果期湿度过大时会引起灰霉、煤污病菌滋生，侵染叶片和幼果。果实着色期，湿度过大时会降低透光率，不利于着色，容易引起裂果。

(2)湿度的调控措施。棚室内的调节应把土壤湿度，空气湿度和通风排湿结合起来进行。降低棚室内空气湿度主要有以下几种方法。

①通风排湿。采取通风的方法降低棚室内湿度，但应以不影响棚室内温度为准。

②改变灌水方式。采用挖坑灌水后覆土或膜下暗灌、滴灌等方法，可降低棚室内湿度。另外，选择晴天上午灌水，中午通风时加大通风量也可排出一部分湿气，降低夜间空气

湿度。

③放置生石灰。果实成熟初期在棚室内放置生石灰，利用生石灰吸湿的特性，吸收棚室内空气水分，降低棚内湿度。放置生石灰时要用容器盛装，每隔 3～5 米放置一处，每亩用量为 200～300 千克。

增加棚室内空气湿度的时期主要在萌芽期和开花期，增湿措施主要是向地面喷水或用加湿器来增湿。向地面喷水要在晴天上午 9～10 时向地面喷雾或洒水，水不要喷洒过多，以放苫前 1～2 小时全部蒸发完为宜。

3. 光照

大樱桃是喜光性强的树种，在大棚和温室栽培条件下，受棚室结构、方位、覆盖材料及管理技术的影响，其光照强度降低，容易出现光照不足，影响光合作用，表现出新梢细弱、节间延长、叶片薄软、绿色不浓等不良现象，使树体发育不良，花芽分化率降低，果品质量下降，甚至减少。因此，当开花和幼果期遇连续的阴、雪天气，需要采取增光、补光措施，以弥补光照不足。若光照强度太强，则需要采取遮光措施。

(1)增加光照的措施。生产上通常采取以下技术措施来增加光照。

①延长采光时间。在保温前提下，昼可能早揭晚盖保温覆盖物，增加光照时间。

②清洁棚膜。每隔 7～10 天清洁 1 次塑料薄膜屋面的外

表面，保持透明屋面干净；内表面借助通风等措施减少结露，防止光的折射；雪后及时清除积雪等。

③合理修剪。依据棚室内不同位置的高度差，阶梯式栽植或阶梯式整形修剪；选择合理树形和树体结构，加强生长季修剪，减少株间遮光。

④补光。在开花和幼果期遇到连续3天以上阴雪天或多云天气无法揭苫时，应该进行补光。人工补光常用的光源有白炽灯、节能灯等。灯距树体顶部叶片60厘米以上为宜。每40～50米$^2$设一盏灯为宜。

(2)减少光照的措施。晴天中午前后，光照过强，温度过高，大樱桃生长发育有影响时需要进行遮光，遮光可采用遮阳网、无纺布等覆盖物遮盖。

4.气体

棚室栽培大樱桃，从萌芽至采收期间处于密闭状态，棚室内空气成分与露地不同，主要表现为氧气和二氧化碳的含量与露地空气中的含量不同，还有肥料分解和塑料薄膜老化释放的有害气体等。

(1)二氧化碳的补充。二氧化碳是绿色植物光合作用的主要原料，棚室在冬季严寒时期密闭保温，在阳光和水充足的情况下，由于叶片的光合作用，室内二氧化碳含量降低，使大樱桃的光合速率降低，影响树体的发育和果实的生长，因此，及时补充二氧化碳十分必要。

生产中通常采取以下方法补充二氧化碳。

①施用固体二氧化碳肥料或二氧化碳气肥。目前，国内一些厂家生产的二氧化碳颗粒气肥，理化性质稳定，施入土壤遇潮后，可连续缓慢产生二氧化碳气体，使用方便，安全可靠。每亩棚室内1次施用40～50千克颗粒气肥，可连续40天以上不断释放二氧化碳气体，使棚室内二氧化碳含量提高。

在大樱桃棚室内补充二氧化碳时，应在花后开始使用，颗粒气肥的施用方式为沟施或穴施，一般在行间开沟或挖穴，深2～3厘米，撒入颗粒气肥后覆土厚约1厘米。

②通风换气调节，晴天揭苫后和放苫前在不影响温度的情况下，少量开启通风口进行气体交换，补充二氧化碳。

(2)有害气体的调控。大棚和温室内有害气体包括氨、二氧化氮、一氧化碳、二氧化硫、乙烯和氯等。

①氨。主要来自未腐熟的畜禽粪、饼肥等的发酵分解。此外，施用氮肥如碳酸氢铵、尿素等，都会引起氨气的积累。氨气在空气中的含量达到5毫克/千克时，大樱桃的嫩叶首先受到损害，开始出现水渍状斑点，严重时变色枯死。

氨害多发生在施肥后1周内。为了避免氨害的发生，必须施用经过充分腐熟的有机肥。施氮肥要沟施，边施边及时覆土，并结合灌水，以防氨气的挥发，若有发生应及时通风排出氨气。

②二氧化氮。多由不合理的施肥方法和施用过多氮类肥

料造成，当土壤呈碱性或氮肥施用量过多时，硝酸细菌的作用降低，多余的二氧化氮不能及时转变成硝酸，则在土壤中积累或释放至空气中，使树体受害。

二氧化氮的危害多发生在施肥后1个月左右。当二氧化氮含量达到25毫克/千克中，叶绿素褪色，出现白斑，浓度高时叶脉变成白色，甚至全株枯死。为避免二氧化氮的挥发，施用氮肥时，要少量多次，最好与过磷酸钙混施。

③二氧化硫和一氧化碳。二氧化硫是由于燃烧含硫量高的煤炭而产生的，施用未腐熟的粪便及饼肥在其分解过程中，也会释放较多的二氧化硫。当二氧化硫含量达到5毫克/千克只要1～2小时，叶片的叶缘和叶脉间细胞就可致死，形成白色或褐色枯死。

一氧化碳是由于煤炭燃烧不完全和烟道有漏洞缝隙而排出造成的，不仅对树体，而且对管理人员的危害都很大。为防止二氧化硫和一氧化碳的危害，加温时用燃煤要选用优质无烟煤，要燃烧彻底，烟道要严密。若发现有烟气或异味，要及时通风换气。

④乙烯和氯。乙烯和氯来自于有毒的塑料薄膜和有毒的塑料管。乙烯在空气中的含量超过0.05毫克/千克时，易造成危害，使叶片褪色，严重时引起死亡。当氯的含量达到0.1毫克/千克时，就可破坏叶绿素，使叶片褪色、枯卷，甚至脱落。

经常通风换气和采用安全无毒的塑料制品，是防止乙烯和氯产生的有效方法。

5. 花、果管理

大樱桃栽培过程中，加强花果管理是提高产量、增进品质的重要技术措施。

(1)保证充足光照，提高花蕾质量。在萌芽期，应使树体尽量多的接受阳光照射，对提高花蕾发育质量和坐果率十分重要。

盛花前 10 天开始，晴天中午天天放风，使花器官尽早经受锻炼，接受一定的直射，提高花芽发育质量。

(2)提高坐果率。

①花期喷叶面肥。据试验，花期喷施 200 倍硼砂液，或喷尿素＋磷酸二氢钾混合液，可明显提高坐果率。

②喷施 PBO(促控剂)。对生长势较旺的树，和整个萌芽至开花期间时常处在阴雪寡照的情况下，可以在花前 1 周左右或花后 1 周左右喷施 1 次 PBO 300 倍液，对控制新梢旺长、提高坐果率有显著作用。

③辅助授粉。大樱桃是自花结实能力较低的树种，为了提高坐果率，确保多结果，除跟露地栽培一样配制授粉树和人工养蜂等方法外，重点要加强人工授粉的方法。

④人工授粉。

采花和取粉：授粉前 2～3 天，在棚内采集从个授粉品种上含苞待放的花蕾，将采集到的花蕾撕裂花苞，并将两朵花对揉，然后除去杂物，把花药在纸上摊薄薄一层阴干，温度保持在 20～25℃，最高不超过 28℃，经过 36～48 小时花药开裂，花粉散出，把花粉和花药收集起来放到干燥的小瓶中避光备用。

授粉时间和次数：大樱桃花在开花 2 天以内授粉能力最强，3 天以后授粉能力降低。大樱桃从开花、传粉到授粉全过程需 48 小时左右。

授粉方法：大樱桃花量大，不适宜人工点授，生产上可采用鸡毛掸滚授法、树上抖花粉法和机械喷授法。

鸡毛掸滚授法：一般在上午 9～10 时和下午 3 时前，用鸡毛掸在不同大樱桃品种树上进行滚动完成异花授粉。在整个花期在滚动 3～4 次，滚动时要掌握轻重，避免伤及花朵。

树上抖花粉法：将花粉与淀粉以 1∶4 的比例混合，装入用纱布缝制的袋内，用长竹竿挑着举到花的上方，再用另一根竹竿敲打纱布袋，使花粉散落在花的柱头上授粉。

机械喷授法：又叫喷雾授粉，液体授粉，是用喷雾器通过喷雾、喷粉进行授粉，这种方法大大提高了人工授粉的效率。喷授可按水 1.25 千克＋尿素 25 克＋硼砂 25 克＋白糖 25 克＋混合干花粉 25 克＋少量豆浆的比例制成水悬液，用超低容量喷雾器，于盛花期喷雾，连续喷 2～3 遍。雾滴飘移，全树授粉，省工省时。注意花粉液要随配随用，不宜放置太久，要求配好后，在 2 小时内喷完，以免降低花粉活力，影响授粉效果，喷雾前要先行过滤，以防堵塞喷头。

(3)疏花与疏果。疏花疏果是指人为地去掉过多的花或果实，使树体保持合理负载量的一种技术措施。具体做法参考大樱桃的露地栽培技术中的疏花疏果章节。

(4)除花瓣。棚室大樱桃的花期较露地花期空气湿度大，又无空气流动，花瓣不易脱落或落在叶片和果实上，不仅影响叶片光合作用，还易引起叶片和果实灰霉病的发生。因此，在落花期间，要每天下午 2～3 时轻晃枝条，振落花瓣，并人工摘除落在叶片和果实上的花瓣。

(5)促进果实膨大和着色。由于棚膜的反射、吸收及棚膜污染等原因，棚室内的光照条件一般较露地差，只有自然光照的 70%左右。为了提高棚室大樱桃果实的着色度，在升温到采收前的管理过程中，应注意以下几点。

①擦棚膜。每隔 7～10 天擦棚膜 1 次，对环境污染严重的地区应缩短擦棚膜的间隔期。

②叶面喷肥。花后脱萼前，叶面喷施氨基酸复合微肥或稀土微肥等可显著提高叶片质量，提高光合效率，促进果实着色发育和果粒重。

③摘叶。要合理整形修剪、改善冠内通风透光条件的基础上，在果实着色期，将遮挡果实受光的叶片摘除即可。但摘叶程度不宜过重，以免影响花芽分化和发育。

④追肥。在肥水管理过程中，花后的追肥应以钾肥为主，

加大钾肥的追施比例。对于生长势强的大樱桃树，花后可只追钾肥；采收前 20 天减少灌水量或停止灌水，以提高果实的含糖量，促进着色。

（6）防止裂果。近年来，棚室大樱桃采前裂果问题尤其突出，严重影响其商品性，并已经成为困扰果农增收的重要因素。生产中预防和减少裂果可采取以下措施。

①稳定土壤水分状况。果实发育期科学灌水，防止土壤忽干忽湿，保持水分平衡供应。干旱时要小水勤浇，尤忌久旱浇大水。

②树体水养调节。在大樱桃开花前，幼果期和果实膨大期分别喷洒“瓜果壮蒂灵”＋（0.3％～0.5％）尿素＋0.3％磷酸二氢钾液，提高果实品质，调节大樱桃树体内水养均衡，增强树体活性，防止大樱桃裂果。

采收前喷布钙盐　在果实采收前，每隔 7 天连续喷布 3 次0.2％的氯化钙液＋“新高脂膜”，可减轻大樱桃裂果。

6. 土、肥、水管理

棚室栽培大樱桃相对于露地栽培，其栽培密度大，单位面积中产出量大，因此，为充分满足棚室大樱桃在每个发育时期对土、肥、水管理的需求，就要根据其在各个生长发育时期对营养和水分的需求规律进行合理管理。

（1）土壤管理。

①松土。及时松土可以减少土壤水分蒸发，保持适宜墒

情，防止土壤板结；同时，还可抑制杂草孳生，提高土壤的通气性。对结果树来讲，萌芽至果实硬核期松土，还有提高坐果率和促进花芽分化的作用。松土的时间一是在萌芽前，二是在每次灌水之后。树体萌芽前的翻树盘松土深度在 10～20 厘米，距主干处稍浅，外缘处渐深。每次灌水后的松土深度一般为 5～10 厘米。

②树盘覆草。树盘覆草能使表层土壤温度相对稳定，保持土壤湿度，提高有机质含量，增加团粒结构。

覆草时间一般以揭膜后的夏季为最好，将割下的杂草、麦秸秆、玉米秸秆、稻草等物覆于树盘土壤表面，数量一般为每亩 2 000～3 000 千克，厚度以 15～20 厘米为宜。

(2)施肥。从萌芽至采收是大樱桃需肥的高峰期。在这一时期，要进行土壤追肥和叶面喷肥。

①土壤追肥。土壤追肥可追 2 次。

第一次追肥在开花前，每亩施有机肥 3 000～5 000 千克，复合肥 100 千克后深耕，或人粪尿 30 千克，开沟追施，施后浇水。

第二次追肥在大樱桃果实采摘以后（方法见本章第三节）。

②叶面喷肥。结合病虫害的防治每年叶面喷施液体肥 3 次。

第一次在花前喷 0.3％的尿素。

第二次在花期喷 0.3％的硼砂。

第三次在果实膨大期到着色期喷0.3%磷酸二氢钾2～3次，也可喷600倍奥普尔有机活性液肥2～3次。

(3)水分管理。棚室大樱桃生产在冬春季，并有塑料薄膜覆盖，无雨水，蒸发量也小，这是与露地生产的不同之处，需要细心观察和管理。

①灌水时期与灌水量。根据大樱桃对水分的需要特点及温室栽培的特点，升温后到果实采收期主要抓好以下几个灌水时期。

萌芽水。升温后1～7天，此次灌水一般结合升温后第一次施肥进行，水量要灌足灌透，以地面不积水为宜。

花前水。开花前15天左右，为防止开花期水分不足，可根据土壤墒情，适当补充水分。此次灌水不宜过大，以防开花期地温不足。

落花水 。此次灌水一般结合升温后第二次施肥进行，灌水量可适当大些。

催果水。即硬核后灌水，一般以花后15～20天(硬核后)灌水为宜，灌水量不宜过大，结果大树株灌水量以50～60升为宜。

采前水。采收前10～15天是大樱桃果实膨大最快的时期，这一时期缺水，影响果个增大，严重的还会引起果实软化，导致产量降低。但是，如果水量过大不仅会引起裂果，还会降低果实品质，因此水量应与催果水相同。

②灌水方法。灌水的方法很多,有膜下暗灌、沟灌、坑灌和滴灌等。

膜下暗灌。膜下暗灌技术,是在覆膜之前在树根的两侧开两行灌水沟再覆膜的方法。灌水时,从膜下一侧灌水沟进行灌溉;据试验,膜下暗灌不仅比传统的畦灌节水50%～60%,而且还能减少棚室内的湿度。

沟灌或坑灌。即在树盘上挖环状沟或圆形坑,深20厘米进行灌水,待水渗下后覆土。此种灌水方法是杜绝落果和裂果的最佳方法,因水分缓慢渗透到土壤中,根系吸收均衡,就不会引起落果和裂果。

滴灌。滴灌需在园内安装滴灌设施,将灌溉水通过树下穿行的低压塑料管道送到滴头,由滴头形成水滴或细水流,缓慢地渗透到树根部。滴灌可保持土壤均匀湿润,同时又可防止根部病害的蔓延,也是节约用水的好方法。

**(三)采果撤膜后的管理**

大樱桃在前期的生长、结果过程中,消耗了树体内储藏的大量营养,果实采收后进入光合作用的营养积累阶段,采后管理的好坏直接影响树势和下一年产量,是不容忽视的。

大樱桃果实采收后夏秋季管理的首要工作是及时补肥、灌水,而不是揭膜。

(1)及时 补肥、灌水。大樱桃果实采收后10天左右就开始花芽分化,为恢复雄霸势,保证正常的花芽分化,采果后半个月内必须完成施肥、灌水。

肥料种类以含有多种养分的速效肥为好，如腐熟人粪尿水、沼液、腐熟豆饼水、复合肥等含有多种元素的有机肥和无机肥。其用量依据肥料种类不同而定，一般结果大树每株施优质圈肥 20 千克，沼液 40 千克，磷肥 0.3 千克，钾肥 0.8 千克；若用复合肥，每棵树施 1.5～2 千克。

在每行的每两株之间，挖深 30 厘米、南北宽 30 厘米、东西长 100 厘米的施肥沟。要结合开沟剪除挖掘后已显露的根，更新、缩剪根系，以减少根量，控制树体扩大。缺铁、锌的园地每亩按硫酸亚铁 25 千克、硫酸星 15 千克与有机肥混匀后施入。施肥的同时要浇 1 次水，雨季来临后不再灌水和追肥。

9 月中下旬，要在栽种行的另一边挖掘施肥沟（以后每年轮换操作即可）。株施有机肥（猪厩粪）100～150 千克，或纯湿鸡粪 30～50 千克，若无有机肥可使用株施果树专用肥＋硫酸钾（4∶1）0.5 千克，或株施复合肥 3～4 千克。每次喷药时加入 0.3％的磷酸二氢钾，保护后期叶片。秋季施肥浇水后，待土不黏时，将全园普遍耕翻一次，提高土壤通透性，有利于根系生长。

（2）撤掉棚膜。棚室促早熟栽培大樱桃，3 月中旬开始采收，到 5 月上中旬采收完毕时，外界气温与棚内气温相差还比较大（尤其是北方地区），此时如果撤膜，树体就不能适应外界环境条件，造成树体和叶片的伤害，也易影响花芽分化，因此，必须在外界温度与棚内温度基本一致前通风锻炼15～20天后才能撤掉棚膜。

通风锻炼时要将正脊固膜杆或绑线松开，两侧的固膜物不动，使棚膜逐渐下滑，或同时将底角棚膜往上揭。每2～3天揭开1米左右。如果遇到降温天气时，将棚膜放下，回暖时再扒回原位。

通风锻炼的时间不可少于15天，全部撤掉棚膜时外界温度不能低于15℃。

(3)合理修剪。撤掉棚膜后逐渐进入高温多雨夏季，树体会出现旺长现象。为了有效地控制树体发育速度，促进花芽的分化，在整个生长期要进行多次修剪工作。修剪的主要手法是摘心、拿枝和拉技等，具体方法参照大樱桃露地栽培的修剪方法。

(4)适时化控。对旺树要采取各项夏剪措施后仍不能抑制生长时，要适时喷200～300倍多效唑或180～200倍PBO(促控剂)进行控制，间隔半个月，一般旺树喷2～3次，只喷旺树即可收到较好的抑制效果。

(5)病虫害的防治。撤膜后病虫害的防治是棚室大樱桃采果后的主要管理任务之一。各地应根据当地病虫害发生情况及时进行防治，防止叶片受害而提早落叶。具体参考露地栽培的病虫害防治。

(6)防旱排涝。棚室揭膜后进入露地管理期间,防涝也是一项不可忽视的工作。因为大樱桃树最怕积水受涝,一旦树盘上积水时间在24小时左右时,树体就会因水淹而死亡。有时虽然地面没有积水,而土壤相对含水量长时间超过80%时,也会造成涝害。因此,除了要求在建棚时避开低洼易涝和排水不畅的地段外,在雨季来临前要挖好排水沟,保证园内雨后的积水在2小时内排净,如果不能自行排净,要进行人工排水。

(7)除草灭荒。雨后喷克无踪+乙阿合剂,控制杂草生长,但要防止药剂喷到叶片上造成药害。

# 第八章　樱桃采收、贮藏和分级、包装与运输

## 第一节　采　收

### 一、采收时期

樱桃果实采收期正值高温季节，属于鲜果中最早上市的一个树种。是一种高档的鲜食及加工型水果。其品种繁多，色泽艳丽，品质优良，味道香甜浓郁。成熟期比较集中，因此，各品种的采收期也随之相对集中。樱桃的早熟品种一般在4月下旬到5月中下旬成熟，果实发育期短，果皮薄，肉质密度不大，常温下极易变质。6月下旬以后成熟的晚熟品种，质地较硬，可贮藏保鲜。所以，根据采收后的用途不同，樱桃果实在采收时期上也有所区别。

用于贮藏保鲜和远途运输：采收后作为贮藏保鲜用的樱桃，一般应选择晚熟的品种，如先锋、那翁、施密特、晚红、晚

黄、秋鸡心等品种。晚熟的品种果肉致密,硬度相对较大。适合于贮藏保鲜。采收时应在八成熟左右采收,这样可以减少在运输途中的烂果率,同时,可以提高贮藏质量、延长其保鲜时间。

当地鲜销鲜食:鲜食的樱桃一般要求口感香甜,色泽艳丽,果个和单果重普遍偏高。所以,采收应在樱桃完全成熟时采收。选择一些早熟品种,采收后应在最短的时间内销售至消费者手中。由于樱桃自身的某些特性所限制,樱桃在采收时不仅有时间上的谨慎选择,而且对其采收的方法也相对比较严格。两者也直接决定樱桃在销售市场上的价值。

## 二、采收方法

樱桃在采收后无论鲜销,还是加工,其采收方法都是一致的。樱桃的成熟期不一致,在采收时应该分期分批进行,时间最好在晴天的上午 9 时以前或者下午气温较低、无露水的情况下采收。采收后进行初选,剔除病烂果、裂果和碰伤果。采摘后的樱桃果实不能在太阳的直射下放置。这样不仅影响樱桃果实的贮藏寿命,而且也有损于其商品质量,从而影响其经济效益。

樱桃在采收时最关键的一点就是“无伤采收”。无伤采收顾名思义就是在采收时,尽可能地将樱桃果实的损伤减少到最小程度或者无伤。因此,樱桃果实目前还是以人工采收为主。由于樱桃果个小，皮薄，硬度相对较小，在采摘过程中很容易造成伤果。采摘时应用手捏住果柄轻轻往上掰动，连同果柄采摘。在采摘过程中应配置底部有一小口的容器，容器不能太大，而且必须内装有软衬，以减少其机械碰撞。将采摘下的樱桃果实轻轻地放入容器内，往外倒时可以从底部流口处轻轻倒出，做到轻拿轻放。

采收后放置的最好方法是随采随放入冷库中，这样有利于樱桃贮藏质量的提高和贮藏时间的延长。山东省果树研究所研制推广的 YGXZ 型小型移动式挂机自动冷库很适合在产地放置，它整体移动灵活，能够使刚采摘的樱桃及时地得到冷藏处理，从而有效地减少运输途中的烂果率。

## 第二节　贮藏保鲜

樱桃贮藏保鲜的方法主要有冷库贮藏法、气调库贮藏法、减压气调贮藏法。

### 一、冷库贮藏法

库贮藏方法应用较为广泛，有大型的氨冷库、小型的氟冷库。一般来说，贮藏樱桃最适宜也是效果最好的就是小型的恒温冷风库，操作起来简单，投资风险小、耗能少、降温速度快。山东省果树研究所研制并推广的小型挂机自动冷库贮藏樱桃效果很好，本文以此恒温冷库为例叙述冷库贮藏樱桃的方法和步骤。

对恒温冷库进行消毒和降温即入贮前的准备工作：在入贮樱桃前1周左右，检查冷库的各种配套设施。如机组的运转情况，控制系统是否正常，检查完毕后就是冷库的消毒工作，对冷库内的各种设施进行严格系统地消毒。注意，在消毒时应对库内的金属性部分进行保护，用2%～3%的安特福尔敏水溶液进行喷刷。冷库的消毒有硫黄熏蒸法和药剂喷洒法。硫黄熏蒸法操作时严禁有明火出现。用液体药剂喷洒时可用1%～2%的福尔马林、84消毒液、漂白粉等液体将整个冷库内所有的设施用喷雾器将配好的溶液喷洒。

将冷库整体消毒完毕后，在入贮前2天左右进行空库降温，要求将整个库体冷透。空库预冷温度在－2℃。

樱桃的贮藏管理：将采收后的樱桃及时进入预冷库，如果没有预冷条件，可直接放入－1～0℃的恒温冷库中，分期分批入库，每一次入库量为总库容的1/10。樱桃入库后，工作人员穿上棉衣在冷库内对樱桃进行分级，挑选出病虫果、烂果等。严格剔除不适合贮藏的病果、伤果、过熟果、无柄果和畸形果等不宜贮藏的果实。在将樱桃进行完上述工作后，立即对要贮藏的樱桃装袋包装，选择适宜的保鲜袋和保鲜药剂对樱桃的贮藏非常重要。通过实验，一般贮藏樱桃的保鲜袋宜选择0.03～0.05毫米PVC樱桃专用保鲜袋，每代所装樱桃重量为1千克效果比较理想，装袋后用绳子将袋口扎紧，放入塑料周转箱内按照所分的类别垛成不同类型的码垛或者依次摆放在架子上。库温稳定在0～－1℃。应特别注意长期贮藏保鲜的樱桃千万不要放在纸质包装盒内进行长期保鲜，在出库前可换用包装箱或盒包装出售。

樱桃在贮藏过程中，稳定的库温对樱桃的贮藏质量和贮藏时间影响很大。稳定适宜的低温能够很有效地保证贮藏质量。首先抑制呼吸和病菌的生长，降低新陈代谢速度延缓衰老。其次库温稳定，品温波动就不是很大，一般库温不超过2℃，品温波动不大于1℃为宜，如果库温波动很大而且频繁、袋内会结霜，樱桃在贮藏过程中腐烂率会增大从而使贮藏质量和时间都会受到影响。

库内的湿度应控制在85％～90％。

## 二、气调贮藏法

气调库贮藏是在冷库贮藏的基础上进行的一种贮藏保鲜方法。即是在高二氧化碳和低氧和温度的双重控制下进行樱桃贮藏，对樱桃的贮藏质量和时间都比冷库贮藏效果好。但气调贮藏樱桃也有一定的局限性。首先，从经济造价上就比恒温冷库造价高；其次，由于气调库受气体成分限制比较大，从对樱桃贮藏的质量和时间上考虑，它的出库和进库要求稳定而且量大，在贮藏时，将整库入满后才能调节气体比例（氧3％～5％，二氧化碳10％～25％），调节好气体的比例后，在整个贮藏期不能随便将库门打开，如果气体成分比例稍有失衡，则会引起樱桃腐烂率大大增加，贮藏保鲜寿命受很大的影响，恒温冷库就相对比较简单。

气调库贮藏樱桃的方法在入库以及温度调节和装袋摆放都和恒温冷库一样，包括分级、分类。唯一不同的是气调库贮藏樱桃的气体成分的调节。应特别注意二氧化碳浓度不能高于25%，以免引起二氧化碳中毒和产生异味。

## 三、减压气调贮藏法

减压气调贮藏即负压气调贮藏。

气调保鲜是基于混合气中相对于空气的低氧和高二氧化碳比例，对鲜活产品和病原微生物的生命活动进行有调控地控制。负压保鲜则是基于空气中各组分含量的绝对量的减小，对保鲜起主要作用的氧限量供应和对有害气体的不断排除。负压气调保鲜则是把气调和负压两种方法相互补充，综合两种效应。即：按气调保鲜的方法，把密封库内的气体成分（主要是氮、氧、二氧化碳）维持在要求范围内，然后通过特定装置使密封库内的气压维持在一定的负压状态。

减压气调库贮藏樱桃果实就是将挑选、分级、整理、将袋后的樱桃果实放入减压气调库内，调节好氮、氧、二氧化碳的比例，使库内气体处于一种负压状态，保持樱桃果实的鲜活品质。

# 第三节　分级、包装与运输

樱桃是一种极易腐烂、过熟和褐变的果品。不仅采收要求严格，而且运输也不容忽视，无伤采收与之相应的便是无伤运输。无伤运输就是果品在运输的过程中不受到任何损伤。

樱桃在运输时首先要特别注意的是包装，包装时要进行严格的挑选和分级，剔除病烂果和机械伤果，可按照大小、颜色等分级后，将樱桃装在有软衬的容器内或者塑料周转箱内，箱体具有较好的抗外界压力性能。短途运输，大部分运输工具都是小型机械车，分级、包装要做到和上述一样，应该特别注意防止日晒雨淋和捂热，要求通风散热。选择平坦道路，尽量减少颠簸，以免使樱桃受到挤压和碰撞造成烂果。

总之，樱桃果实在采摘后一定是无伤运输及保鲜运输。保鲜运输首先是在樱桃产地将处理后的樱桃果实直接运往销售地点，其次是经过一段时间保鲜后再运往销售地点，再就是销售地周转保鲜库运往销售市场。

# 参 考 文 献


[1] 罗新书,于绍夫. 中国果树栽培学. 北京：农业出版社,1987.

[2] 邵冲,名优水果. 杭州:南海出版公司,1993.

[3] 陈哲,张杰. 棚室大樱桃高效栽培. 北京:机械工业出版社,2014.